高等职业教育经管类专业平台课精品教材
“互联网+”新形态立体化教学资源特色教材

MIS
开发与云应用

主　编　李升泽　郭玮雯
副主编　阎　煜　黄嘉敏　何瀚玮

中国轻工业出版社

图书在版编目（CIP）数据

MIS开发与云应用 / 李升泽，郭玮雯主编. —北京：中国轻工业出版社，2024. 8

高等职业教育经管类专业平台课精品教材“互联网+”新形态立体化教学资源特色教材

ISBN 978-7-5184-4907-1

Ⅰ. ①M… Ⅱ. ①李… ②郭… Ⅲ. ①数据库系统—软件工具—高等职业教育—教材 Ⅳ. ①TP311.56

中国国家版本馆CIP数据核字（2024）第055654号

责任编辑：李金慧　　责任终审：简延荣　　设计制作：锋尚设计
策划编辑：张文佳　李金慧　　责任校对：晋　洁　　责任监印：张　可

出版发行：中国轻工业出版社（北京鲁谷东街5号，邮编：100040）
印　　刷：艺堂印刷(天津)有限公司
经　　销：各地新华书店
版　　次：2024年8月第1版第1次印刷
开　　本：787×1092　1/16　印张：14.5
字　　数：310千字
书　　号：ISBN 978-7-5184-4907-1　定价：59.80元
邮购电话：010-85119873
发行电话：010-85119832　010-85119912
网　　址：http://www.chlip.com.cn
Email：club@chlip.com.cn

221417J2X101ZBW

前　言

新时代下，高等职业教育瞄准的是高端产业和产业高端。MIS课程是高等职业教育经管类专业的一门核心课程，承担着经管类专业学生掌握信息化、数字化先进生产工具的重任，是完成其他专业任务的基础内容。以云为计算底座的集成性数字技术正在迅猛发展，推动着信息化逐步向数字化、智能化转变，传统的MIS类教材也必须紧扣时代发展趋势。

近三年来，无代码技术取得了长足的进步。“无代码的积木式应用开发和数据中台搭建”成为领跑行业的新型技术。毫无疑问，任何一次技术飞跃都将给教育领域带来深远的影响，对于经管专业而言，则由过去的“软科学”向“硬科学”转变。

过去，计算机软件应用开发需要学生首先掌握编程语言技能，这使得非计算机专业学生对任何程序开发都望而却步。今天，无代码技术很可能扭转这种趋势，降低了经管专业学生对于应用程序开发的学习壁垒。学生结合管理学理论内核，可以不借助任何代码完成典型任务场景中的轻量级应用开发，一定程度上避免了用人单位在MIS系统开发方面所耗费的成本。

目前，国内已有多个平台推出了无代码应用开发服务，相应地，提供无代码大数据中台技术的平台则十分稀有。对于企业用户而言，大部分企业仍然以第三方提供定制数据中台服务为主，从而产生高昂的数据中台定制费用。在大中专院校中，虽然BI技术已被纳入经管专业课程体系，但相对数据中台系统，BI的功能和完整性不足。如何按本企业业务自主地、灵活地搭建数据中台成为学习者的痛点。无代码数据中台技术有效地解决了该问题，也为用人单位和经管类专业学生提供了新的发展思路。

本教材以综合职业能力培养为目标，以典型工作任务为载体，以学生完成工作任务为中心，根据工作任务和工作过程设计课程体系。本教材中，原创性文字占50%以上并植入了43个原创教学视频，秉承的宗旨是：避虚就实、杜绝空谈，以介绍高端技术技能为核心，以工作实践为根本，学生通过模仿视频中的演示步骤，即可快速上手操作以解决实际问题。

从创新性上看，本教材将最新的无代码软件应用开发技术、无代码数据中台技术引入了高等职业教育经管类专业教材之中。

从内容上看，本教材以基层信息管理岗位、中高层信息管理岗位、拓展类信息管理岗位为主线，将教学内容设计为三个学习任务、二十三个学习活动和两个附录学习扩展。

第一，基层信息管理岗位涉及计算机领域传统的、基础的工作，所包含的技能有选择和维护计算机软硬件、构建局域网、设计数据库等。

第二，中高层信息管理岗位涉及MIS开发的相关工作，所包含的技能有MIS顶层框架、规划、可行性、分析、设计、面向对象的编程开发等。

第三，拓展类信息管理岗位涉及云计算规划与应用工作，所包含的技能有企业上云中的服务模式、网络模式选择，基于华为云的IaaS部署，基于简道云的aPaaS无代码应用开发，以及基于九数云的在线数据处理分析等。

第四，在附录部分，阐述了基于smardaten平台的无代码大数据中台搭建技术，并介绍了典型的集成性数字技术范式（云制造、工业互联网）。

本教材编写过程中，李升泽主要负责基于Delphi的有代码编程，及华为云、简道云、九数云、工业互联网、smardaten大数据中台等内容的撰写和视频讲解；郭玮雯主要负责MIS构建与维护，以及MIS开发、规划、分析、设计等内容的撰写和视频讲解；阎煜老师负责对相关内容进行文字补充。此外，东莞职业技术学院工商管理专业黄嘉敏主任、何瀚玮老师负责相关资料搜集，本教材中涉及的工作案例由上海珍岛信息技术股份有限公司（校企合作单位）的张彬先生提供。

特别感谢南京数睿数据科技有限公司以及该公司技术专家睿睿老师在smardaten无代码数据中台技术方面的大力指导和支持。

由于时间仓促及个人水平的限制，书中内容难免存在不足之处，部分章节的叙述可能稍显粗疏，因此，恳请读者不吝赐教，提出宝贵建议。

编者

目 录

学习任务一
基础岗位学习内容：MIS的构建与维护

学习任务二
中、高阶岗位学习内容：MIS的开发与设计

学习任务三
扩展岗位学习内容　云计算规划与应用类工作

学习任务一

基础岗位学习内容：MIS 的构建与维护

该部分内容适用岗位：

- 信息化设计类岗位
- 信息化运维类岗位
- 信息化管理类岗位

第一部分

添置计算机硬件与维护

对学习者的意义

移动信息已经进入5G时代，随着移动通信技术的发展与进步，对于计算机系统的要求也在不断提高。计算机是现代社会必不可少的工具，人们在日常使用计算机的过程中还会遇到各类问题，通过学习和培训，可以自行解决一些基础的计算机问题，更好地适应社会的发展。

通过对计算机类型、各种硬件设备的组成等基础知识的认识，掌握基本的计算机硬件组装和维护知识，配置出主流通用类型的计算机。

学习活动一

选择与维护计算机

一、情境描述

珍岛信息技术股份有限公司拟推行企业信息化，结合公司现有业务，新建一套企业管理信息系统。经公司管理层开会研究，为了更好地支撑拟建设的企业管理信息系统的运行，需要先对公司的计算机硬件设备进行配置和必要的升级。公司信息部经企业管理层授权，作为本次信息化项目的主要负责部门，现对公司的已有计算机硬件设备展开升级工作，并结合公司实际需求考虑添置部分计算机硬件设备。

请你运用已经掌握的计算机硬件的相关知识，对该公司的计算机硬件设备进行必要的升级、配置。

二、工作目标

1. 结合公司的信息化需求进行初步调研
2. 结合公司的信息化需求制定主流计算机硬件设备的装机方案
3. 根据装机方案配置各种配件并完成组装工作，对工作全过程进行评价

三、能力目标

1. 甄选计算机硬件的能力
2. 设计计算机硬件组装方案的能力
3. 组装和维护计算机硬件的能力

四、素质目标

1. 发挥团队精神，形成工作合力
2. 培养精益求精的工匠精神
3. 形成大局意识，从宏观上制订计划

五、工作步骤

工作步骤及要求如表1-1-1所示。

表 1-1-1　工作步骤及要求

序号	工作步骤	要求	备注
1	工作准备	进行初步调研，了解公司信息化硬件配置需求；对本团队开发能力进行判断，了解能力与需求的契合程度；准备好调研相关工具、器材、信息处理的软硬件设备	
2	工作实施	制定“计算机硬件设备装配方案”	
3	工作结束	整理过程文档等工作文件；对计划实施评价并签字确认	

六、工作要求

（1）组建工作团队，进行任务分工，建议4～6人。

（2）调研中要礼貌用语，用录音软件等工具详细做好需求记录，识别关键需求。

（3）计划编制过程要细致，对于项目实施不同阶段的人、财、物有详细的列表清单记录。

七、工作成果

1. 对本次工作任务分工进行记录

对本次工作任务分工进行记录，将结果填入表1-1-2中。

表 1-1-2　工作任务分工

工作人员姓名	工作环节	绩效要求	所需工具
如：张良	搜集需求信息；评价计划	完整、清晰地记录需求信息；对计划质量给出判断，并提出建议	录音笔、录音软件、笔记本、签字笔等

2. 初步需求调研

实施初步需求调研，针对本次系统（企业管理信息系统）开发，走访该公司信息部和其他必要的部门，联合各方共同确定基本需求，将所整理的信息填入表1-1-3中。

表 1-1-3　需求调研表

所属部门	部门岗位	
调研项目		备注
工作处理的内容类型	例：绘图、剪辑视频、文档编辑等	
计算机外连设备需求	例：复/打印机、独立显示屏	
对于数据存储是否有安全度需求		
对于计算机运行速度是否有需求		
对于计算机画面显示是否有需求		
对于计算机音效是否有需求		
……	……	……

3. 制定“计算机硬件设备装配方案”

结合表1-1-3中的调研需求，团队成员利用中关村在线模拟攒机网站（或其他模拟配置计算机服务）设计计算机装机方案。将所设计的装配方案填入表1-1-4中。

表 1-1-4　计算机硬件设备装配方案

硬件	配置参数	价格/元
CPU		
散热器		
主板		
内存		
固态硬盘		
机械硬盘		
显卡		
显示器		
声卡		
机箱		
电源		
键盘		
鼠标		
方案总预算		

4．计算机的组装和维护

（1）在开始正式的计算机组装前，检查组装计算机的常用工具，在表1-1-5中记录工具准备情况检查。

表 1-1-5　组装计算机常用工具检查表

工具	用途	是否齐全	代替工具
螺丝刀	安装、拆卸各计算机部件间的固定螺丝		
尖嘴钳	拆卸半固定的计算机部件		
镊子	夹取小件零部件		
万用表	检查计算机部件的电压是否正常及数据线的通断等电气线路问题		
清洁剂	清洁重要硬件上的污垢		
吹气球	清洁机箱内部各硬件间的较小空间或各硬件上不宜清除的灰尘		
小毛刷	清洁硬件表面的灰尘		
毛巾	擦除计算机显示器和机箱表面的灰尘		

（2）计算机组装的标准流程包括：①安装电源；②安装CPU和散热风扇；③安装内存；④安装主板；⑤安装显卡；⑥安装其他硬件卡；⑦安装硬盘；⑧安装光驱（可选）；⑨连接机箱内各种线缆；⑩连接主要外部设备。结合上述标准流程开始分步进行组装。

①安装电源，请将关键的安装步骤和对应的注意事项整理后填在下面横线上。

②安装CPU和散热风扇，请将关键的安装步骤和对应的注意事项整理后填在下面横线上。

③安装内存，请将关键的安装步骤和对应的注意事项整理后填在下面横线上。

④安装主板，请将关键的安装步骤和对应的注意事项整理后填在下面横线上。

⑤安装显卡，请将关键的安装步骤和对应的注意事项整理后填在下面横线上。

⑥安装其他硬件卡，请将关键的安装步骤和对应的注意事项整理后填在下面横线上。

⑦安装硬盘，请将关键的安装步骤和对应的注意事项整理后填在下面横线上。

⑧安装光驱（可选），请将关键的安装步骤和对应的注意事项整理后填在下面横线上。

⑨连接机箱内各种线缆，请将关键的安装步骤和对应的注意事项整理后填在下面横线上。

连接主板电源线：

连接硬盘数据线和电源线：

连接光驱数据线电源线（可选）：

连接内部控制线和信号线：

⑩连接主要外部设备，请将关键的安装步骤和对应的注意事项整理后填在下面横线上。

（3）计算机硬件完成组装后，在日常使用时还需要进行必要的维护。考虑到用户在使用计算机的过程中，由于操作不当等人为因素，很可能会造成硬件故障。根据计算机硬件故障的发生几率，日常需要维护的计算机硬件部件多为CPU、主板、硬盘、显卡及显示器、机箱及电源、鼠标及键盘。下面根据各种对应硬件的维护方法，将维护原因和注意事项整理后填在表格内。

①维护CPU时，具体维护方法如表1-1-6所示。

表 1-1-6　CPU 维护表

维护方法	维护原因	注意事项
用好硅脂		
正确安装		
保障良好的散热		

②维护主板时，具体维护方法如表1-1-7所示。

表 1-1-7　主板维护表

维护方法	维护原因	注意事项
防范高压		
防范灰尘		
不要带电插拔		

③维护硬盘时，具体维护方法如表1-1-8所示。

表 1-1-8　硬盘维护表

维护方法	维护原因	注意事项
正确开关计算机电源		
工作时防震		
保证硬盘散热		
不私自拆卸硬盘		
不要压缩硬盘		

④维护显卡和显示器时，具体维护方法如表1-1-9所示。

表 1-1-9　显卡和显示器维护表

维护方法	维护原因	注意事项
保持工作环境的干燥		
避免接触挥发性化学药品		

⑤维护机箱和电源时，具体维护方法如表1-1-10所示。

表 1-1-10　机箱和电源维护表

维护方法	维护原因	注意事项
保证机箱散热		
保证电源散热		
注意电源除尘		

⑥维护鼠标和键盘时，具体维护方法如表1-1-11所示。

表 1-1-11　鼠标和键盘维护表

维护方法	维护原因	注意事项
鼠标注意灰尘		
鼠标小心插拔		
鼠标保证感光性		
键盘清洁		
键盘干燥		

5．汇总和评价

对工作过程中的各种资料、工作文件进行整理，并对“计算机硬件设备装配方案”实施评价，将结果填写至表1-1-12中。

表 1-1-12　汇总与评价表

汇总整理		
资料、文件名称	具体名称	请用"√"和"◊"标明是否收集并归档
需求整理形成的资料		
方案制定的参考资料		
"计算机硬件设备装配方案"		

评价	
评价维度	评价结论
调研团队的分工配合程度	
需求信息收集的完整性	
需求信息收集的具体性	
"计算机硬件设备装配方案"的完整性	
"计算机硬件设备装配方案"的可行性	
团队成员确认后签名：	

八、工作总结

请对本次工作进行总结，将最终结论填入下列横线处。

（1）你认为本次工作任务中决定任务成败的关键环节有哪些？

（2）通过对本次工作任务进行回顾，你学到了哪些知识和技能？

（3）通过对本次工作任务进行回顾，你有哪些工作心得和感悟？

重难点知识

一、认识主流计算机类型

计算机现在已经是办公和家庭必备用品，与人们的生活密切联系在了一起，目前主流的计算机类型可分为台式计算机、笔记本电脑、一体机和平板电脑。具体的分类情况和对应特性如表1-1-13所示。

表 1-1-13 主流计算机类型及特性对比表

<table>
<tr><th>类型</th><th>特性</th><th colspan="4">代表机型</th></tr>
<tr><td rowspan="3">台式计算机</td><td rowspan="3">散热性：良好
扩展性：便于硬件升级
保护性：全面保护硬件</td><td>机型</td><td>稳定性</td><td>鲁棒性</td><td>价格</td></tr>
<tr><td>品牌机</td><td>高</td><td>高</td><td>较高</td></tr>
<tr><td>兼容/组装机</td><td>较低</td><td>较低</td><td>灵活</td></tr>
<tr><td>笔记本电脑</td><td>小型、便携、按功能对产品进行细分</td><td colspan="4">游戏本、二合一笔记本、超极本、轻薄本、商务办公本、影音娱乐本、校园学生本、创意设计本</td></tr>
<tr><td>一体机</td><td>简约无线、节省空间、超值整合、节能环保、外观潮流</td><td colspan="4">家用一体机、商用一体机、触控一体机、组装一体机、智能桌面一体机</td></tr>
<tr><td>平板电脑</td><td>便携、功能强大、特有操作系统</td><td colspan="4">通话平板、娱乐平板、二合一平板、商务平板、投影平板</td></tr>
</table>

二、认识计算机的硬件组成

计算机硬件是软件系统工作的基础，从外观上看，计算机的硬件包括主机、外部设备和周边设备3大主要部分。主机是指机箱及其中的各种硬件，外部设备是指显示器、鼠标和键盘，周边设备指的是打印机、音响、移动存储设备等，其中主机是机箱以及安装在机箱内的计算机硬件的集合，主要由中央处理器（CPU）（含CPU和CPU散热器）、主板、内存、显卡（含显卡和显卡散热器）、硬盘（含机械硬盘或固态硬盘）、主机电源和机箱等部件组成，如图1-1-1所示。

图 1-1-1　主机构成示意图

三、计算机各部分硬件选购时的注意事项

计算机硬件的核心构成如图1-1-1所示，在选购这些零配件的时候，需要结合各零部件的功能和基本知识，并遵循对应的配件选购原则，才能保证组装出来的计算机的性价比，将计算机主机各配件的选购原则整理后，如表1-1-14所示。

表 1-1-14　计算机硬件设备选购原则汇总表

<table>
<tr><th>硬件</th><th colspan="3">选购原则</th></tr>
<tr><td>CPU</td><td colspan="3">1. 对计算机性能要求不高的用户，可选择中低端的CPU产品
2. 对计算机性能有一定要求的用户，可选择中高端的CPU产品
3. 游戏玩家、图形图像设计人员等对计算机性能有较高要求的用户，应选择高端的CPU产品
4. 游戏“发烧友”用户，应选择最先进的CPU产品</td></tr>
<tr><td rowspan="4">主板</td><td rowspan="2">用途</td><td>游戏“发烧友”、图形图像设计人员</td><td>选择价格较高的高性能主板</td></tr>
<tr><td>文档编辑、编程设计、上网、看电影等</td><td>选择性价比较高的中低端主板</td></tr>
<tr><td>扩展性</td><td colspan="2">当给计算机进行硬件升级，增加部件时，需要考虑主板上配置足够多的扩展插槽</td></tr>
<tr><td>产品规格</td><td colspan="2">注意在同价位下对比不同主板的产品规格，或者在同样产品规格下对比不同价位的主板</td></tr>
<tr><td rowspan="2">内存</td><td>产品规格</td><td colspan="2">注意产品本身性能参数</td></tr>
<tr><td>其他配件</td><td colspan="2">由于不同CPU和主板支持不同类型的内存，需要结合CPU和主板信息考虑内存的类型</td></tr>
</table>

续表

硬件	选购原则		
机械硬盘	性价比	可通过计算每款产品的“每GB的价格”得出衡量值（计算公式：产品市场价格/产品容量），值越低，性价比越高	
	售后服务	由于硬盘中保存的都是非常重要的数据，因此硬盘的售后服务也显得异常重要，目前市场上售卖的硬盘质保期多在2～3年	
显卡	用料	显卡的用料和价格成正比	
	做工	建议选购4层以上的PCB板显卡	
	布线	正规厂商的显卡布局清晰、整齐，各个线路间保持北较固定的间距，而低端显卡上则会出现空白的区域	
	包装	正规渠道进货的显卡包装盒上封条完整，显卡上有中文的产品标记、生产厂商的名称、产品型号和规格等信息	
显示器	选购目的	一般用户	购买Led显示器
		游戏娱乐用户	曲面显示器，颜色鲜艳、视角清晰
		图形图像设计用户	大屏幕4K显示器，颜色鲜艳、画面逼真
	测试坏点	坏点数是衡量一个显示器面板质量好坏的重要标准，检测时，可以将显示器显示为全白或全黑的图像，在全白的图像上出现全黑，或者在全黑的图像上出现全白时，都意味着在这些区域存在坏点，坏点超过3个时，不建议选购	
	接口匹配	显示器上的接口应和显卡或主板上的显示接口至少有一个是相同的	
	选购技巧	遵循“买大不买小”原则，16∶9比例的大尺寸产品更具性价比	
机箱	做工和用料	机箱边缘是否垂直、是否采用卷边设计并已去除毛刺，插槽定位准确，用料一般采用镀锌钢板，主流厚度为0.6mm	
	附加功能	有方便的耳机和U盘等设备接口	
电源	高档电源较低档电源重，电源输出线较低档电源粗，通过电源散热孔观察内部，高档电源有体积和厚度较大的金属散热片和各种电子元件，各类部件排列也较为紧密		
键盘	主要考虑功能、外观和做工		
鼠标	主要考虑手感和是否适合自己的手形		

知识链接

请扫码查看学习资料

第二部分

添置计算机软件

对学习者的意义

计算机软件是用户与计算机硬件之间的接口界面，用户主要是通过软件与计算机进行交互。在计算机中安装各种应用软件，能帮助人们解决生活和工作中的各种问题，因此添置计算机软件也是计算机系统设计的重要依据。

为了使得计算机系统具有较高的总体效用以及方便用户，在添置计算机软件时，必须同时考虑硬件和软件的兼容性能、软件本身的要求和满足用户使用的要求。

学习活动二

安装操作系统与使用典型应用软件

一、情境描述

珍岛信息技术股份有限公司已经完成了一批新计算机硬件的采购，公司的信息部也已经完成了全部计算机硬件部分的组装。由于考虑到公司的日常业务比较简单，为了最大限度节省公司信息化运维成本，信息部刘经理决定给新采购的计算机硬件配置基本的操作系统和常用的应用软件即可。

请作为信息部专员的你思考：如何给新采购的这批计算机安装通用的操作系统和常用的典型应用软件?

二、工作目标

1. 设置UEFI BIOS
2. 完成硬盘分区和格式化
3. 安装操作系统
4. 安装常用的应用软件

三、能力目标

1. 设置部署UEFI BIOS的能力
2. 对硬盘进行分区和格式化的能力
3. 安装操作系统的能力
4. 安装典型应用软件的能力

四、素质目标

1. 国产操作系统自强之路
2. 培养精益求精的工匠精神
3. 平台的重要作用

五、工作步骤

工作步骤及要求如表1-2-1所示。

表 1-2-1　工作步骤及要求

序号	工作步骤	要求	备注
1	工作准备	准备一个8GB以上的空白U盘 下载专业硬盘分区软件Disk Genius 前往Microsoft官方网站下载Windows 10操作系统	
2	工作实施	对计算机设置UEFI BIOS 启动Disk Genius对硬盘进行分区 使用装有Windows10操作系统的U盘安装Windows 10操作系统 安装常用的典型应用软件	
3	工作结束	退出相关的各类安装程序	

六、工作要求

（1）组建工作团队，进行讨论学习，建议4～6人。

（2）确保下载的操作系统和其他应用软件是官方正式版本。

（3）养成定期优化升级操作系统和应用软件的习惯。

七、工作成果

1．对计算机设置UEFI BIOS

由于不同品牌的主板，其UEFI BIOS的设置程序有些出入，但普遍操作是在启动计算机时按“Delete”或“F2”键即可出现屏幕显示（该处操作以配置Windows 10操作系统的计算机为例），随后通过鼠标可以直接进行设置，包括系统设置、高级设置、硬件设置、固件升级、安全设置、启动设置和保存退出。

（1）设置计算机启动顺序，具体步骤说明整理如下：

（2）设置BIOS管理员密码，具体步骤说明整理如下：

（3）设置意外断电后恢复状态，具体步骤说明整理如下：

____

____

____

（4）设置升级BIOS来兼容最新硬件，具体步骤说明整理如下：

____

____

____

（5）保存设置并退出，重启计算机所有设置生效。

2．完成硬盘分区和格式化

在设置完BIOS后，用户需要对硬盘进行分区和格式化，其中分区的目的是更好地管理数据，格式化则是在硬盘中存储数据的基础操作，指对创建的分区进行初始化，并确定数据的写入区。磁盘分区工作可以概括为以下几个步骤，首先，从专业的硬盘分区软件Disk Genius选择需要设置为主磁盘的分区，并设置主磁盘分区的大小和其格式参数，其次，选择剩余的空闲分区，根据使用计算机的容量需求，继续对余下的空闲分区进行自定义扩展，并设定对应的分区大小和格式参数，直至完成所有分区设定后，确认保存，并对已经建立好的分区进行格式化处理。该模块以80GB硬盘的分区和格式化为例，以下是具体的工作执行步骤。

（1）完成硬盘分区。启动Disk Genius工作界面，开始实施工作任务，拟建立的分区共有______个，分别是______，具体步骤说明分别整理如下。

选择需要进行分区的硬盘：

____

____

____

建立主磁盘分区：

____

____

____

选择空闲硬盘空间：

____

____

____

建立扩展分区：

保存更改：

确认更改：

（2）完成硬盘格式化。在完成上述磁盘分区任务后，此时系统会弹出提示对话框，询问用户是否对新建的磁盘分区进行格式化，具体操作步骤说明整理如下。

3. 安装操作系统

完成了硬盘的分区和格式化操作后，接下来可以为计算机安装操作系统和硬件的驱动程序了。这里以通过U盘全新安装64位Windows 10操作系统为例。

（1）制作操作系统安装U盘。提前准备好一个8GB以上容量的空白U盘，通过Microsoft的官方网站下载专门的软件，并将其制作为启动和安装U盘。

打开Microsoft的官方网站，找到Windows 10操作系统下载工具的下载网页，截图、打印并粘贴如下。

下载完毕后，双击启动软件，执行到“为另一台电脑创建安装介质”选项时，截图、打印并粘贴如下。

按照系统提示对安装介质和相关信息进行设置，截图、打印并粘贴如下。

继续执行操作程序，将系统界面提示完成U盘安装介质的制作信息截图、打印并粘贴如下。

（2）按照提示安装计算机操作系统。将系统安装成功的界面提示截图、打印并粘贴如下。

（3）完成安装。

4. 安装常用的应用软件

请将整理后的常用应用软件填入表1-2-2中。

表 1-2-2　常用应用软件汇总表

软件类型	软件名称	版本
例：硬件检测软件	鲁大师	正式版5.20

5. 总结和评价

对工作过程进行总结和评价，将结果填入表1-2-3中。

表 1-2-3　总结与评价表

评价维度	评价结论
团队的分工配合程度	
计算机系统配置的完整性	
计算机系统配置的可行性	

续表

评价维度	评价结论
计算机系统配置的灵活性	
计算机系统配置的安全性	
团队成员确认后签名：	

八、工作总结

请对本次工作进行总结，将最终结论填入下列横线处。

（1）你认为本次工作任务中决定任务成败的关键环节有哪些？

（2）通过对本次工作任务进行回顾，你学到了哪些知识和技能？

（3）通过对本次工作任务进行回顾，你有哪些工作心得和感悟？

重难点知识

一、认识BIOS和UEFI BIOS

BIOS（Basic Input/Output System，基本输入/输出系统）是被固化在只读存储器（Read Only Memory，ROM）中的程序。BIOS程序在开机时运行，执行了BIOS后才能使硬件上的程序正常工作，由于BIOS是存储在只读存储器中的，所以它只能读取而不能写入，且断电后能保持数据不丢失。BIOS的常用功能包括系统设置程序、开机自检程序和系统启动自举程序。

UEFI（Unified Extensible Firmware Interface，统一的可扩展固件接口）是一种详细描述全新类型接口的标准，旨在代替BIOS并提高软件互操作性和突破BIOS的局限性，现在通常把具备UEFI标准的BIOS设置称为UEFI BIOS。

与传统的BIOS比较起来，UEFI BIOS拥有诸多更加显著的功能，例如图形化界面、多样的操作方式、允许植入硬件驱动等。这些功能让UEFI BIOS更加易用、实用、方便。

二、计算机硬盘简介

1．硬盘分区的原因、原则和类型

硬盘分区的原因主要可以概括为两个：一是引导硬盘启动，由于新出厂的硬盘没有进行分区激活，这使得计算机无法对硬盘进行读写操作，因此需要用户对磁盘分区时设置好各项物理参数，并指定磁盘的主引导记录及引导备份的存放位置。二是方便管理，未进行分区的磁盘只有一个原始的容量很大的分区，这样会使得硬盘中的数据变得没有条理性，不利于计算机性能的发挥，因此需要用户在使用初期进行规划，将一个分区合理划分为若干个容量合适的小分区。

但是在磁盘分区的时候不是盲目随意进行区域的划分，需要按照一定的划分原则，主要遵循分区合理、实用为主和根据操作系统的特性分区。

在划定分区的时候，一般将分区类型分为主分区、扩展分区和逻辑分区，其中主分区是硬盘上最重要的分区，被系统默认分配为C盘。主分区外的其他分区统称为扩展分区。逻辑分区从扩展分区中分配，逻辑分区中的文件格式需要与操作系统兼容，否则操作系统无法对其进行访问，逻辑分区的盘符默认从D盘开始。

2．格式化硬盘的原因和类型

格式化硬盘是指对创建的分区进行初始化，并确定数据的写入区。只有经过格式化的硬盘分区才可以安装软件和存储数据。

格式化硬盘通常分为两种类型，即低级格式化和高级格式化。低级格式化又称为物理格式化，它将空白的硬盘划分出柱面和磁道，再将磁道划分为若干个扇区。高级格式化只是重置硬盘分区表，并清除硬盘上的数据，而不对硬盘的柱面、磁道与扇区做改动，我们通常所说的格式化指的就是高级格式化。

知识链接
请扫码查看学习资料

第三部分

运用计算机网络

对学习者的意义

计算机网络是指将地理位置不同的具有独立功能的多台计算机及其外部设备，通过通信线路连接起来，在网络操作系统、网络管理软件及网络通信协议的管理和协调下，实现资源共享和信息传递的计算机系统。

在网络时代，人们希望可以通过以计算机为核心的局部区域网络，将手机、平板电脑等智能设备进行互联，实现数据的保存、传输和共享。

学习活动三

组建局域网

一、情境描述

珍岛信息技术股份有限公司在公司信息化建设的前期已经完成了对公司已有计算机等硬件设备的添置和升级，现在需要考虑重新规划一下公司的网络配置情况。

为了更好地完成企业网络配置，公司准备先使用Cisco Packer Tracer作为局域网配置辅助工具，结合公司目前网络使用需求，配置出适合本企业用网需求的局域网方案。

请作为信息部专员的你思考：如何创建一个独立的公司局域网并完成局域网的联网互通？

二、工作目标

1. 完成企业用网需求调研
2. 拟定局域网详细设计方案
3. 安装Cisco Packer Tracer
4. 绘制网络结构拓扑图
5. 部署局域网链接
6. 为每个主机配置IP，并测试网络联通

三、能力目标

1. 具备计算机网络管理方面的能力
2. 具备局域网拓扑识别的能力
3. 具备安装和使用Cisco Packer Tracer的能力
4. 具备基础的局域网部署和调试能力

四、素质目标

1. 将网络技术与社会发展和生活现实结合

2. 网络安全的重要性

3. 树立正确的价值观和网络意识

五、工作步骤

工作步骤及要求如表1-3-1所示。

表 1-3-1 工作步骤及要求

序号	工作步骤	要求	备注
1	工作准备	获得Cisco Packer Tracer安装包并完成安装	
2	工作实施	调研企业网络配置需求 拟定企业局域网详细设计方案 使用Cisco Packer Tracer绘制网络拓扑结构图，创建并部署网络链接 为每个主机配置IP，并测试网络联通	
3	工作结束	完成网络连接可进行信息检索	

六、工作要求

（1）组建工作团队，进行讨论学习，建议4～6人。

（2）确保团队中每位同学都安装了Cisco Packer Tracer。

（3）确保团队中每位同学都掌握了基础的网络配置知识。

（4）配置网络参数过程中要细致，注意各类参数的录入。

七、工作成果

1. 对本次工作任务分工进行记录

对本次工作任务分工进行记录，将结果填入表1-3-2中。

表 1-3-2 工作任务分工

工作人员姓名	工作环节	绩效要求	所需工具
如：张良	搜集需求信息	完整、清晰地记录需求信息	录音笔、录音软件、笔记本、签字笔等

2．网络需求调研

实施网络需求调研，走访该公司相关部门，联合各方计算机用户确定公司的网络用户需求，将表1-3-3中的调研信息补充完整。

表 1-3-3　网络需求调研表

联网部门	拟配计算机台数	部门内部主机是否需要联通	部门间主机是否需要联通	是否需要Wi-Fi信号	其他需要共享的服务
如：财务部	5	是	否	是	邮件

3．拟定局域网详细设计方案

经本团队对该企业的网络配置需求进行详细梳理后，整理的局域网设计思路如下。

（1）公司基本设施整理如下。

（2）公司网络基本需求配置信息。

①公司______个部门，分别是______，拟分别配置计算机主机______台。

②不同部门主机使用固定IP，占用一个网段，同属一个VLAN。

③公司有1台服务器，1台路由器，1台交换机，均部署在公司主楼机房。

④公司路由器的网关IP地址为：

（3）IP划分情况。本团队结合全公司联网情况，将网络硬件设备和各硬件IP划分情况整理如表1-3-4所示。

表 1-3-4　硬件配置和 IP 划分情况汇总表

序号	设备名称	IP地址
1	公共路由器	网关：192.168.3.254
2	交换机1	

续表

序号	设备名称	IP地址
3	财务部PC	192.168.3.10
4	信息部PC	192.168.3.20
5	服务器1	192.168.3.252

4. 安装Cisco Packer Tracer

（1）在完成软件安装后，打开软件主界面进行截图，将图片打印、粘贴到以下位置。

（2）熟悉Cisco Packer Tracer主界面，将主界面的各部分功能填入表1-3-5中。

表 1-3-5　主界面各部分功能汇总表

项目	功能描述
菜单栏	
主界面工具栏1	
主界面工具栏2	
工作空间	
底部设备栏	

5. 绘制网络结构拓扑图

根据本团队对企业的网络需求调研情况，绘制网络拓扑结构图，将图片打印、粘贴到以下位置。

6. 部署局域网连接

第一步：网关IP配置。对公共路由器IP进行配置，填写完参数配置界面后分别截图、打印并粘贴如下。

第二步：个人终端计算机IP配置。对个人终端计算机IP进行配置，填写完参数配置界面后分别截图如下。

第三步：局域网联通测试。

（1）测试从个人终端计算机______（填写计算机IP地址）Ping另一个人终端计算机______（填写计算机IP地址）检查网络是否连通，具体操作步骤为：

使用Ping语句，将终端执行Ping语句后的信息界面截图、打印并粘贴至下方。

（2）测试公共路由器Ping服务器1间网络IP地址是否连通，具体操作步骤为：

使用Ping语句，将终端执行Ping语句后的信息界面截图、打印并粘贴至下方。

7. 总结和评价

对工作过程进行总结和评价，将结果填入表1-3-6中。

表 1-3-6　总结与评价表

汇总整理		
资料、文件名称	具体名称	请用“√”和“◊”标明是否收集并归档
需求整理形成的资料		
局域网设计方案的参考资料		
“局域网详细设计方案”		

续表

评价	
评价维度	评价结论
调研团队的分工配合程度	
需求信息收集的完整性	
需求信息收集的具体性	
局域网详细设计方案的完整性	
局域网详细设计方案的可行性	
局域网详细设计方案的灵活性	
局域网详细设计方案的安全性	
团队成员确认后签名：	

八、工作总结

请对本次工作进行总结，将最终结论填入下列横线处。

（1）你认为本次工作任务中决定任务成败的关键环节有哪些？

（2）通过对本次工作任务进行回顾，你学到了哪些知识和技能？

（3）通过对本次工作任务进行回顾，你有哪些工作心得和感悟？

重难点知识

一、计算机网络的分类

计算机网络的分类标准有很多种，主要的分类标准有根据网络所使用的传输技术分类、根据网络的拓扑结构分类、根据网络协议分类等。各种分类标准只能从某一方面反映网络的特征。根据网络覆盖的地理范围和规模分类是最普遍采用的分类方法，它能较好地反映网络的本质特征。由于网络覆盖的地理范围不同，它们所采用的传输技术也就不同，因此形成不同的网络技术特点与网络服务功能。依据这种分类标准，可以将计算机网络分为三种：局域网、城域网和广域网。

局域网一般指互联起来的计算机所分布的地理范围较小的网络，例如某一实验室、一栋建筑物内或一个校园内等。而广域网则分布的地理范围较大，大的企业网络可将位于不同城市的计算机联在一起成为一个广域网。

二、网络拓扑图简介

拓扑图是指由计算机、打印机、网络设备以及其他设备构成的网络结构图，又称为拓扑结构图，即用图示的方式将实物的连接方式表现出来。拓扑图目的是用图形传递量化信息，让数量的对比更加直观，易于绘制。

计算机网络中计算机及网络设备在空间上的排列形式称为计算机网络的拓扑结构。目前常用的网络拓扑结构有星型、总线型和环型，依据这三种网络拓扑结构，在组建计算机网络时，选择合适的拓扑结构非常重要。计算机网络常分为星型网络、总线型网络和环型网络三种类型，如图1-3-1所示。

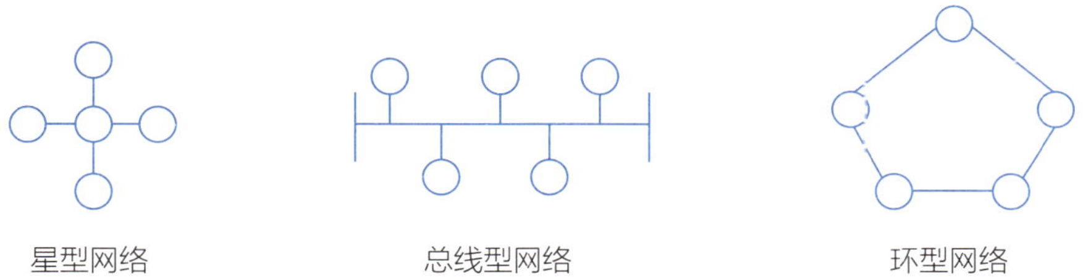

图 1-3-1　网络基本拓扑结构图

三、计算机网络协议及相关概念

1. OSI/RM参考模型

通过网络连接的计算机之间在通信中必须遵守一定的约定和规程，以保证能够相互连接和正确交换信息，这些约定和规程是事先制定的，并以标准的形式固定下来，这就是网络协议。在计算机网络发展过程中，为了把网络协议的制定纳入规范化轨道，国际标准化组织ISO（International Standards Organization）提出了开放系统互联参考模型OSI/RM（Open System Interconnection/Reference Model），作为提出各种计算机网络系统网络协议时建议遵守的基本模型。

OSI/RM模型构成计算机网络系统通信规则的一个框架，在网络中也称为体系结构。OSI/RM模型把计算机网络通信的组织与实现按功能划分为7个层次，即从一个计算机系统发出通信请求起，到信息经过实际物理线路传送到另一个目标计算机系统为止，把通信功能从高到低划分为应用层、表示层、会话层、传输层、网络层、数据链路层和物理层，每一层协议建立在它的下层协议的基础上，完成一个特定的任务，并为其上一层提供服务，各个层级间相互独立。逻辑上可以分为两个部分：低层的1～4层关心的是原始数据的传输，高层的5～7层关心的是网络中的应用程序，如图1-3-2所示。

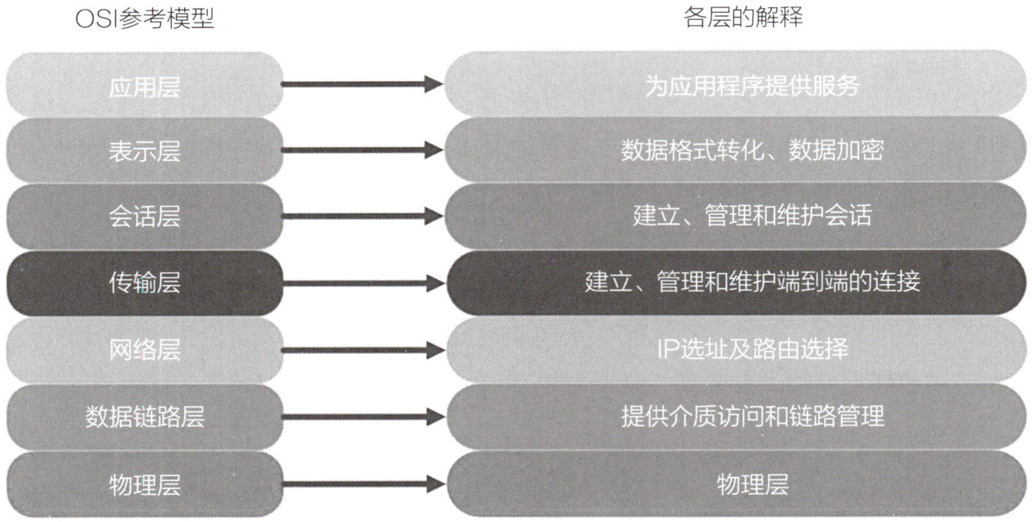

图 1-3-2　OSI 参考模型图

2. Internet的网络协议

Internet的网络协议指的是在Internet的网络间及各成员网内部交换信息时要求遵循的通信协议，TCP/IP协议（Transfer Control Protocol/Internet Protocol）是Internet使用的网络协议的统称，称为传输控制协议，又叫网络通信协议。这个协议是Internet国际互联网络的基础。

虽然从名字上看TCP/IP包括两个协议：传输控制协议（TCP）和网际协议（IP），是保证数据完整传输的两个基本的重要协议，但TCP/IP实际上是一个协议簇，它包括上百个各种功能的协议，如：远程登录、文件传输和电子邮件等。

3．IP地址与子网掩码

主机与主机之间通信的三个要素，即IP地址、子网掩码和IP路由。

其中IP地址用来标识一个节点的网络地址，是包含4个字节，以“.”隔开，共32位的二进制数。常见的IP地址分为A，B，C三类，与它对应的网络有时被称为A类、B类、C类网络。A类地址的容量最大，可以容纳16777214个主机，B类地址可以容纳65534个主机，C类地址可以容纳254个主机。

A类网络：用第一组数字（即第一个字节）标识网络本身，后三组数字作为连接于网络上的主机的地址，且规定第一个字节的第一位必须为0，即A类地址有效格式范围为0.0.0.0～127.255.255.255。A类网络一般分配给国家级网络。

B类网络：用第一、二组数字标识网络地址，后两组数字代表网络上的主机的地址，且规定第一个字节的前两位必须为10，即B类地址有效格式范围为128.0.0.0～191.255.255.255。B类网络一般分配给大型网络，如跨国大公司。

C类网络：用前三组数字标识网络地址，最后一组数字作为网络上的主机的地址，且规定第一个字节的前三位必须为110，即C类地址有效格式范围为192.0.0.0～223.255.255.255。C类地址分配给小型网络，如多数局域网和校园网。

子网掩码是一种用来指明一个IP地址的哪些位标识的是主机所在的子网，以及哪些位标识的是主机的位掩码。子网掩码不能单独存在，它必须结合IP地址一起使用。子网掩码只有一个作用，就是将某个IP地址划分成网络地址和主机地址两部分。A、B、C三类网络IP地址的默认子网掩码分别为255.0.0.0、255.255.0.0和255.255.255.0。

四、认识计算机网络硬件设备

1．连接设备

路由器（Router）：它是用于连接不同结构网络的设备。将数据进行打包后，通过网络传送到目的地，这样的过程称为路由。而路由器则是网络中接收传输数据的主要节点设备，它具有判断网络地址和选择IP路径的功能，作为不同网络间相互连接的枢纽，路由器构成了Internet的骨架。

交换机（Switch）：它是一种多端口网络连接设备，工作在数据链路层。它能记下哪些地址接在哪个端口上，并决定将数据送往何处。在实际使用中，通过交换机，可以将网络划分为多个小的共享式网络，主要连接部分实现专用带宽，保证网络带宽的合理分配。

2．传输介质

双绞线：是目前使用最广泛、价格最低廉的一种传输介质。双绞线一般由两根22～26号绝缘铜导线相互缠绕而成，实际使用时，双绞线由多对双绞线一起包在一个绝缘电缆套管里。如果把一对或多对双绞线放在一个绝缘套管中便成了双绞线电缆，日常生活中一般把“双绞线电缆”直接称为“双绞线”。

光纤：光纤是光导纤维的简写，是一种由玻璃或塑料制成的纤维，可作为光传导工具，传输原理是光的全反射。光纤是数据传输中最有效的一种传输介质，它有较宽的频带、电磁绝缘性能好、传输距离长等优点。光纤主要有两大类，即单模光纤和多模光纤。其中，单模光纤传输频带宽，传输容量大，传输距离较远，可达几千米甚至几十千米。多模光纤的传输性能相对较差，传输距离一般在300～2000m。

五、认识Cisco Packer Tracer

1．Cisco Packer Tracer介绍

Cisco Packet Tracer是由Cisco公司发布的一个网络仿真辅助学习工具，为想要学习网络知识的学习者去设计、配置、排除网络故障提供了网络模拟环境。用户可以在软件的图形用户界面上直接使用拖曳方法建立网络拓扑，并可提供数据包在网络中行进的详细处理过程，观察网络实时运行情况，学习IOS的配置、锻炼故障排查能力。

2．下载和安装程序

登录Cisco Packet Tracer的官方网站下载安装程序，并按提示步骤完成安装。

3．初次运行程序

首次登录Cisco Packet Tracer，会弹出如图1-3-3的界面。

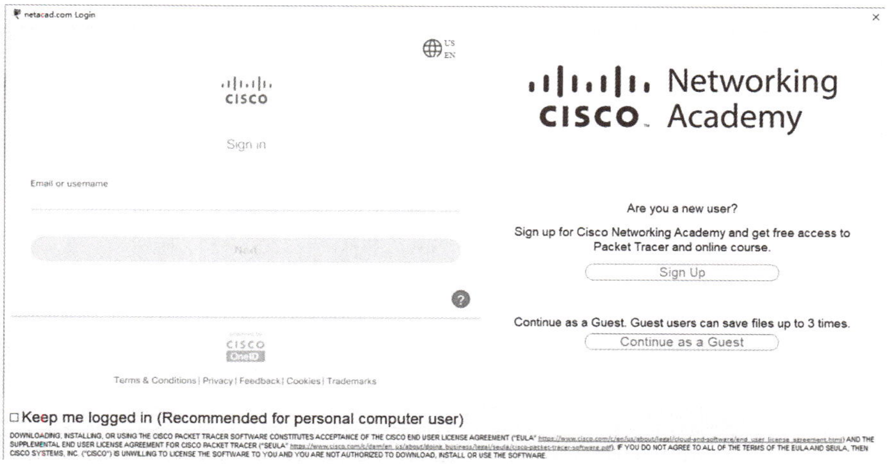

图 1-3-3　Cisco 初始登录界面

如果有账号，可以选择“Sign in”选项，在左侧输入用户名和密码进行登录。

如果没有账号，可以选择“Continue as a Guest”选项，会出现“Guest Login”的15秒倒计时，如图1-3-4所示。

图 1-3-4　游客身份登录倒计时界面

倒计时结束后，按钮变成“Confirm Guest”，点击进入使用，如图1-3-5所示。

图 1-3-5　游客身份登录确认界面

进入Cisco Packer Tracer主界面，如图1-3-6所示，可以开始仨务。

图 1-3-6　软件主界面

知识链接

请扫码查看学习资料

第四部分

设计数据库表

对学习者的意义

管理信息系统的开发多数情况下是面向数据集的开发，系统开发人员进行系统开发的第一步就是需要将现实世界的事物概念与计算机虚拟世界的表达形式建立联系，这种情况下就需要借助建立数据库表来完成这项工作。

数据库表作为信息系统建设一切工作的源头，起到十分关键的作用，如果设计不合理，在后续的系统代码开发环节将会带来很多错误以及不必要的麻烦。

学习活动四

绘制E-R图与构造ACCESS表

一、情境描述

经珍岛信息技术股份有限公司信息部开会研讨后，决定选择内部开发一套小型商品管理系统。考虑到后续整个系统开发设计和维护的合理性，尽量减少在系统规划和设计阶段返工的麻烦，现公司信息部针对拟开发的这套小型商品管理系统，准备开展建立数据库表单这项重要工作。

请你运用数据库设计相关知识完成相关的工作。

二、工作目标

1. 结合信息系统的开发需求进行初步调研
2. 安装Microsoft Office的流程图绘制软件Visio画图工具
3. 结合调研需求使用Visio绘制表述实体关系的E-R图
4. 安装Microsoft Office单机数据库Access
5. 基于E-R图，利用Access创建数据库表

三、能力目标

1. 使用数据建模工具的能力
2. 识别实体和属性的能力
3. 组建实体间关系的能力
4. 具备考量数据安全性的能力

四、素质目标

1. 数据作为重要生产资料的意义
2. 保持公正的态度，确保数据的公正性和透明性
3. 对不符合规范的数据要进行监测

五、工作步骤

工作步骤及要求如表1-4-1所示。

表 1-4-1　工作步骤及要求

序号	工作步骤	要求	备注
1	工作准备	获得Visio和Access安装包，安装Visio和Access	
2	工作实施	进行需求调研，了解系统开发需求 场景一：绘制E-R图 场景二：设计数据库表	
3	工作结束	整理过程文档等工作文件；对计划实施评价并签字确认	

六、工作要求

（1）组建工作团队，进行任务分工，建议4～6人。

（2）确保正确安装Visio和Access。

（3）调研中要礼貌用语，用录音软件等工具详细做好需求记录，识别关键需求。

（4）绘图制表过程要细致，正确规范使用各类符号标识。

（5）对于不同阶段的工作过程文档，做好详细的记录，并做好存档工作。

七、工作成果

1．对本次工作任务分工进行记录

对本次工作任务分工进行记录，将结果填入表1-4-2中。

表 1-4-2　工作任务分工

工作人员姓名	工作环节	绩效要求	所需工具
如：张良	搜集需求信息；评价计划	完整、清晰地记录需求信息；对计划质量给出判断，并提出建议	录音笔、录音软件、笔记本、签字笔等

2．初步需求调研

实施初步需求调研，针对本次系统（小型商品管理系统）开发，走访该公司信息部和销售部，联合各方共同确定与拟开发的信息系统的数据库相关的信息，将所整理的信息填入表1-4-3中。

表 1-4-3　数据库信息调研表

调研项目	具体描述内容	备注
项目名称		
项目功能		
标识实体		

对于该管理信息系统涉及的实体，其各自的属性和相互之间的关系可以整理为表1-4-4。

表 1-4-4　实体属性及关系表

实体名称	实体属性	与其他实体的关系
例：物资	物资编码、物资名称、物资规格	物资和订货有关系：需要在订货实体中表明订了哪些物资

3．安装并打开Visio

打开Visio后对主界面进行截图，将图片打印并粘贴到以下位置。

4．熟悉Visio的主界面

将主界面中的各部分功能填入表1-4-5中。

表 1-4-5　Visio 主界面中各部分的功能

部分	功能描述
菜单栏	
工具栏	
左侧模具栏	
绘图页	
任务窗格	

5．绘制E-R图

结合调研需求信息，开始绘制E-R图，团队成员绘制出的E-R图打印并粘贴到以下位置。

6．安装并打开Access

打开Access后对主界面进行截图，将图片打印并粘贴到以下位置。

7．熟悉Access的主界面

将主界面中的各部分功能填入表1-4-6中。

表 1-4-6　Access 主界面中各部分的功能

部分	功能描述
菜单栏	
工具栏	
左侧显示栏	
制表主窗体	

8．创建数据库

（1）对主界面熟悉后，开始设计数据库表。根据已经绘制好的E-R图，拟建立的数据库表共___个，表名称罗列如下。

（2）在明确需要创建的数据库表情况后，要求完成以下功能：第一，创建数据库；第二，创建数据表；第三，录入数据；第四，建立表之间的关系。根据教学视频，模仿设计步骤，填写以下内容。

第一步，创建数据库。本团队实现“创建数据库”的步骤是：

第二步，创建数据表。本团队实现“创建数据表”的步骤是：

第三步，录入数据。本团队实现“录入数据”的步骤是：

第四步，建立表之间的关系。本团队实现“建立表之间的关系”的步骤是：

（3）在完成上述步骤时，本团队遇到的困难或者障碍有以下几点（根据实际情况填写）：

9．保存并关闭程序

10．汇总和评价

对工作过程中的各种资料、工作文件进行整理和评价，将结果填入表1-4-7中。

表 1-4-7　汇总与评价表

汇总整理		
资料、文件名称	具体名称	请用“√”和“◊”标明是否收集并归档
需求整理形成的资料		
计划制订的参考资料		
E-R图		
Access数据库表		
评价		
评价维度	**评价结论**	
调研团队的分工配合程度		
需求信息收集的完整性		

续表

评价	
评价维度	评价结论
需求信息收集的具体性	
E-R图的完整性	
Access数据库表的可行性	
Access数据库表的完整性	

团队成员确认后签名：

八、工作总结

请对本次工作进行总结，将最终结论填入下列横线处。

（1）你认为本次工作任务中决定任务成败的关键环节有哪些？

（2）通过对本次工作任务进行回顾，你学到了哪些知识和技能？

（3）通过对本次工作任务进行回顾，你有哪些工作心得和感悟？

重难点知识

一、数据库的基本概念

在数据库管理系统中，采用数据模型来对现实世界进行抽象，反映数据本身及其数据之间的关系。为了将现实世界中的事物抽象为数据库管理系统支持的数据模型，通常需要一个不依赖于计算机系统的中间层次——概念模型，即首先将现实世界中的事物及其联系抽象为概念模型，再由概念模型转化为数据模型。

概念模型最常用的表示方法为实体-联系模型（Entity Relationship Model，简称"E-R模型"），它反映了数据本身和数据之间的关系。

二、绘制E-R模型图

E-R模型中涉及三个主要概念：实体（Entity）、属性（Attribute）和联系（Relation）：实体可以是一个具体的人或物，也可以是抽象的事物或概念，性质相同的同类实体的集合称为实体集。属性是指实体具有的某种特性。联系是指实体之间的联系，A和B两个实体集之间的联系可分为如下三种形式：一对一联系（1∶1）、一对多联系（1∶N）、多对多联系（M∶N），其中，当多个实体集间存在多个多对多联系时，标识实体集间关系的英文字母按照字母表排列顺序从M开始向后依次取用。

上述概念在E-R模型中对应的图例如表1-4-8所示。

表 1-4-8　E-R 模型图例参照表

图例	用途
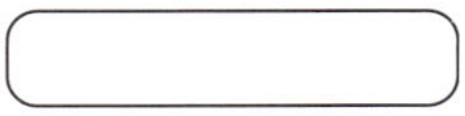	实体/实体集
——	线段
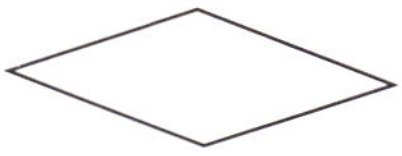	联系
	属性

其中3种联系可以表示为图1-4-1。

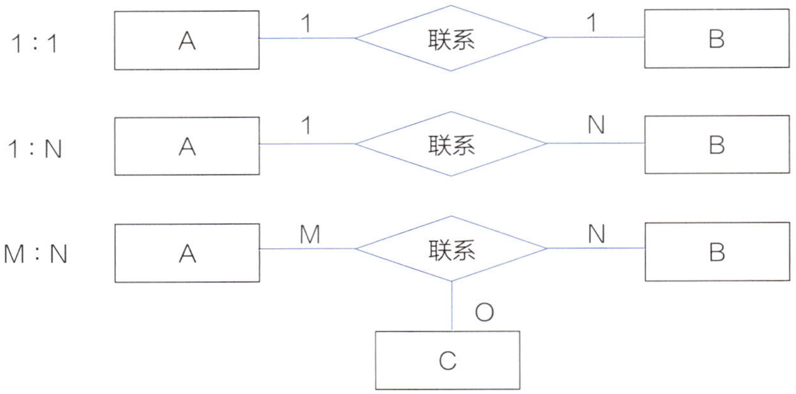

图 1-4-1　E-R 模型联系示意图

三、数据库表设计步骤

第一步，创建数据库，如图1-4-2所示。

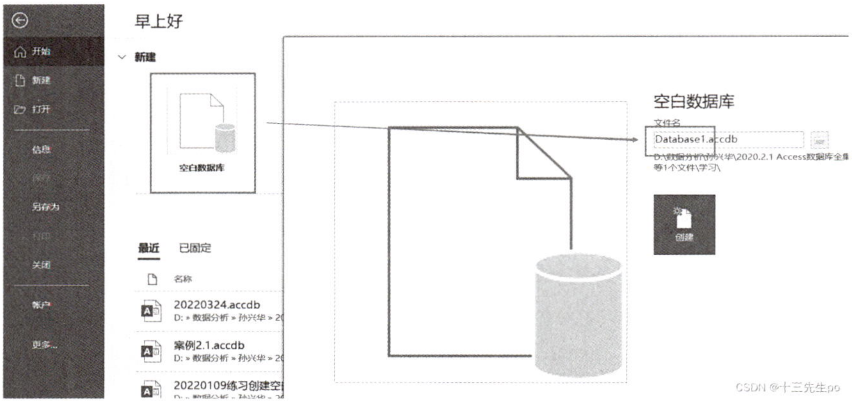

图 1-4-2　创建数据库

第二步，创建数据表，如图1-4-3和图1-4-4所示。

保存数据库后，双击视图左侧表名称开启设计界面，开始编辑对应表格中的各字段的详细信息和数据格式。

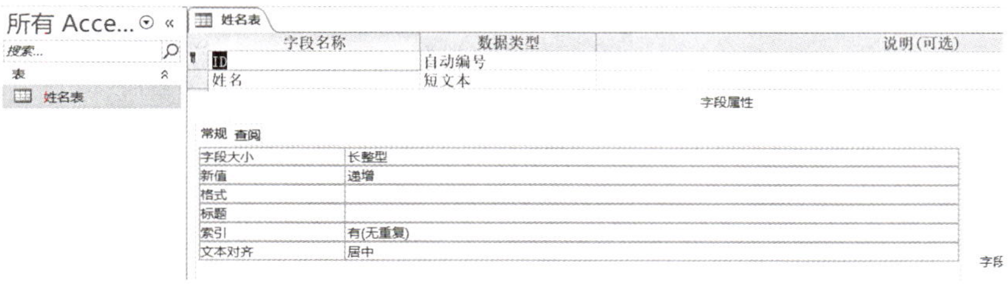

图 1-4-3　数据库表设计器

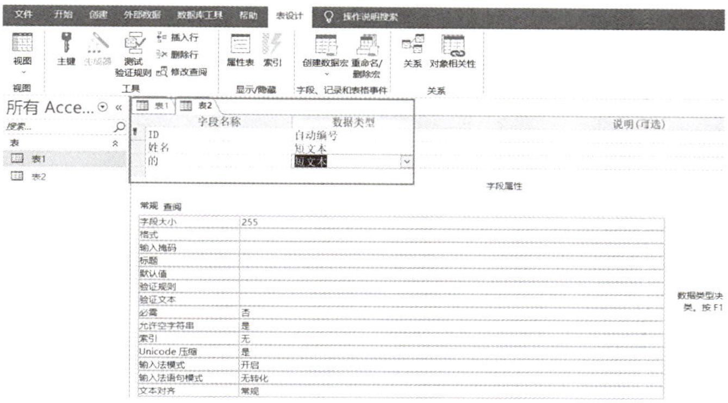

图 1-4-4　数据库表的字段属性编辑

设置完各字段的基本属性后，还需要给每张表添加主键，用于接下来各表之间的关系的搭建，如图1-4-5所示。

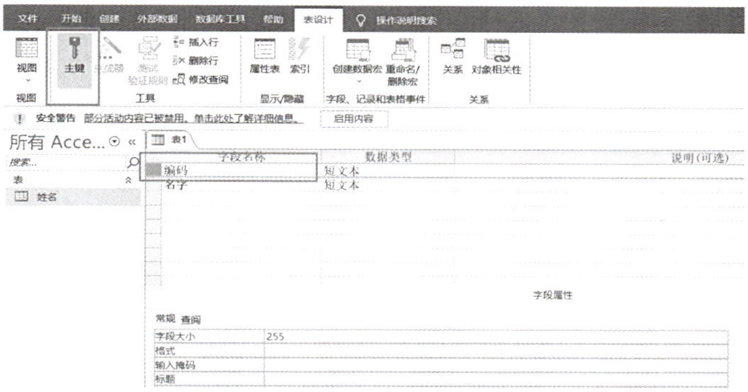

图 1-4-5　给表添加主键

第三步，录入数据。创建完数据库表后，可以双击需要添加数据的表录入数据。

第四步，建立表间关系。选中标题栏的“数据库工具”菜单下的“关系”对话框，开启表间关系设计视图，对不同的表创建关系，如图1-4-6、图1-4-7、图1-4-8和图1-4-9所示。

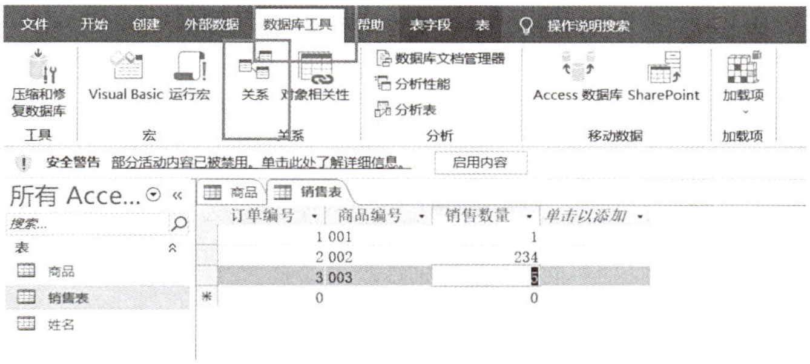

图 1-4-6　启动表间关系设计栏

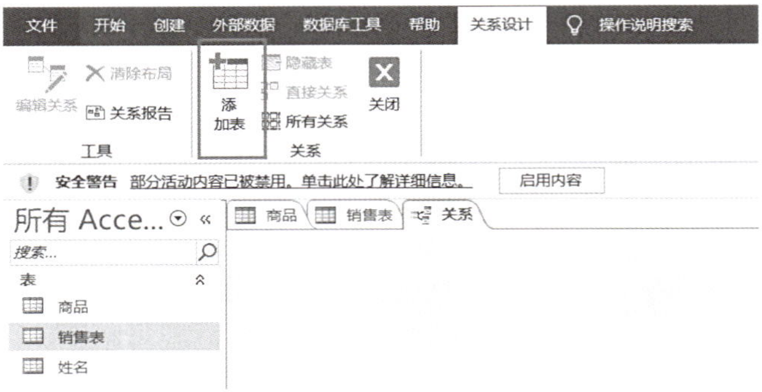

图 1-4-7　添加需要关联的表

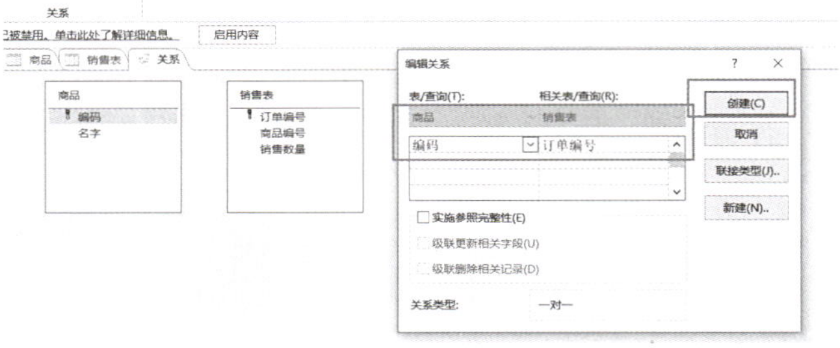

图 1-4-8　编辑关系对话框

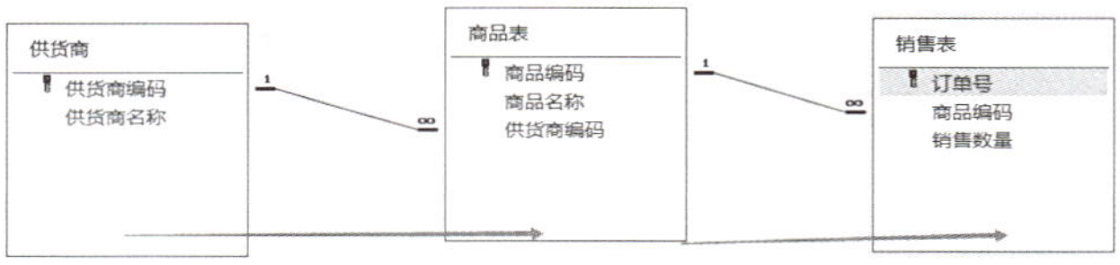

图 1-4-9　对应数据库表间的关系

第五步，保存并关闭程序。

以上步骤可供参考学习。

知识链接

请扫码查看学习资料

学习任务二

中、高阶岗位学习内容：MIS 的开发与设计

该部分内容适用岗位：

- 信息化设计类岗位
- 信息化管理类岗位

第一部分

设计信息系统的顶层开发框架

对学习者的意义

在信息系统开发前期，必须了解“做什么”“怎么做”的问题，为了更好地控制时间、质量、成本，并使用户满意，首先要明确信息系统开发方法。

信息系统开发方法的选择是一个顶层设计问题，相当于房屋建造过程中最初的施工步骤图。对于一般信息系统而言，顶层设计得好，后续任务才能按部就班顺利开展，否则将带来较大的返工量。

学习活动五

使用生命周期法确定MIS开发步骤

一、情境描述

珍岛信息技术股份有限公司需要一套小型管理信息系统，经公司信息部刘经理开会研讨：如果向外购置，需要花费约20万元，如果内部开发则能够大大节约成本。刘经理最终决定选择内部开发，毕竟这套系统只是单功能系统，并不复杂，公司能够自行解决。目前面临第一个问题：如果采用结构化开发方法中的生命周期法，应该如何设计顶层开发计划？

请你运用MIS开发方法中的生命周期法解决该问题。

二、工作目标

1. 结合信息系统的开发需求进行初步调研
2. 结合信息系统的开发需求制订生命周期法开发计划
3. 对过程文档进行整理，对开发计划实施评价

三、能力目标

1. 调研过程中的交流沟通能力，信息采集能力
2. 使用生命周期法设计组织信息系统顶层架构的能力
3. 具备初步评价组织信息系统顶层架构的能力

四、素质目标

1. 细化管理、分层管理的重要性
2. 做好顶层设计，从宏观上制订计划

五、工作步骤

工作步骤及要求如表2-5-1所示。

表 2-5-1　工作步骤及要求

序号	工作步骤	要求	备注
1	工作准备	进行初步调研，了解系统开发需求；对本团队开发能力进行判断，了解能力与需求的契合程度；准备好调研相关工具、器材、信息处理的软硬件设备	
2	工作实施	包括撰写两个任务文档： 文档一：初步需求调研文档。初步调研各方，确定基本需求，包括项目功能、基本工具、信息输入和输出等 文档二：制定“生命周期法MIS开发计划”，包括：划分基本功能模块，确定可行性概况，了解组织结构、管理功能、业务流程、数据流程情况，判别软硬件供给和保障措施等	
3	工作结束	整理过程文档等工作文件；对计划实施评价并签字确认	

六、工作要求

（1）组建工作团队，进行任务分工，建议4～6人。

（2）调研中要礼貌用语，用录音软件等工具详细做好需求记录，识别关键需求。

（3）计划编制过程要细致，对于生命周期不同阶段的人、财、物有详细的列表清单。

七、工作成果

1．对本次工作任务分工进行记录

对本次工作任务分工进行记录，将结果填入表2-5-2中。

表 2-5-2　工作任务分工

工作人员姓名	工作环节	绩效要求	所需工具
如：张良	搜集需求信息；评价计划	完整、清晰地记录需求信息；对计划质量给出判断，并提出建议	录音笔、录音软件、笔记本、签字笔等

2．初步需求调研

实施初步需求调研，针对本次系统（小型管理信息系统）开发，走访该公司信息部和销售部，联合各方共同确定基本需求，将所整理的信息填入表2-5-3中。

表 2-5-3 需求调研表

调研项目	具体内容	备注
项目名称		
项目功能		
使用者		
使用者的工具		
信息输入		
信息输出		

3. 制订“生命周期法开发计划”

结合表2-5-3中的项目需求，团队成员根据生命周期法的五个阶段进行讨论和分析，将最终结论填入下列横线处。

（1）根据“信息系统规划”知识，本团队认为该小型管理信息系统大致分为以下几个功能模块。

根据“信息系统规划”知识，结合团队能力，对该小型管理信息系统的可行性粗略概括如下。

（2）根据“信息系统分析”知识，对基本组织架构、系统功能架构、业务流程、数据流程粗略概括如下。

（3）根据“信息系统设计”知识，对系统设计所需的硬件、软件、数据库概括如下。

（4）根据“信息系统实施”知识，对系统实施的人员、编程工具概括如下。

（5）根据“信息系统运行评价和维护”知识，对系统运行的保障措施概括如下。

4. 汇总和评价

对工作过程中的各种资料、工作文件进行整理，并对“生命周期法开发计划”实施评价，将结果填入表2-5-4中。

表 2-5-4　汇总与评价表

汇总整理		
资料、文件名称	具体名称	请用“√”和“◊”标明是否收集并归档
需求整理形成的资料		
计划制订的参考资料		
“生命周期法开发计划”		
评价		
评价维度	评价结论	
调研团队的分工配合程度		
需求信息收集的完整性		
需求信息收集的具体性		
“生命周期法开发计划”的完整性		
“生命周期法开发计划”的可行性		

团队成员确认后签名：

八、工作总结

请对本次工作进行总结，将最终结论填入下列横线处。

（1）你认为本次工作任务中决定任务成败的关键环节有哪些？

____

____

____

（2）通过对本次工作任务进行回顾，你学到了哪些知识和技能？

____

____

____

（3）通过对本次工作任务进行回顾，你有哪些工作心得和感悟？

____

____

____

重难点知识

一、生命周期法的介绍

生命周期法也称结构化系统开发方法，适合于开发复杂的大系统。它也是迄今为止开发方法中应用最普遍、最成熟的一种。

二、生命周期法的基本思想

按照用户至上的原则，采用结构化、模块化自顶向下对系统进行分析和设计。具体来说，它将整个信息系统开发过程划分为独立的五个阶段，包括系统规划、系统分析、系统设计、系统实施、系统运行维护和评价，这六个阶段构成信息系统的生命周期，如图2-5-1所示。

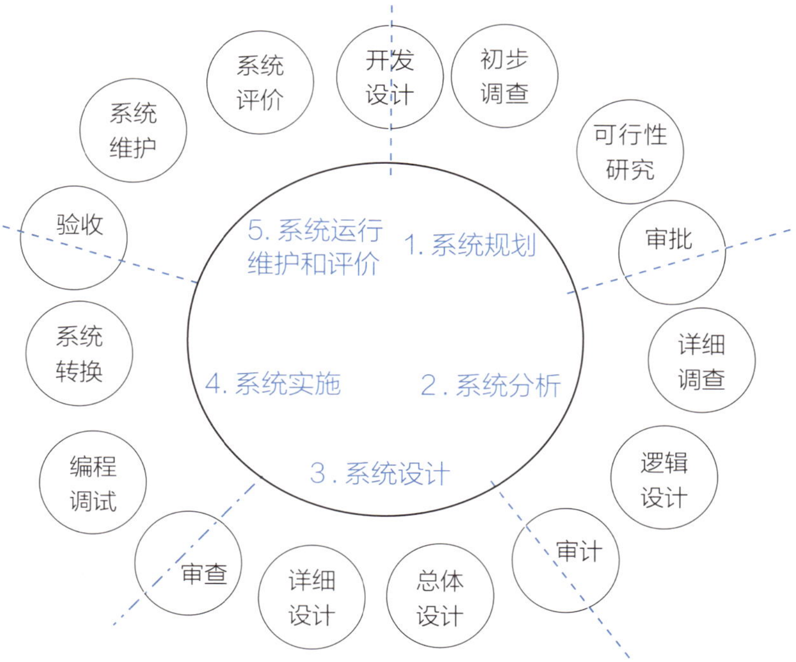

图 2-5-1 生命周期法的阶段

三、生命周期法的优缺点

生命周期法的优点和缺点都较为明显，如表2-5-5所示。何时选用生命周期法，要根据项目的实际情况进行判断。如果是中大型项目，或者具有较高的团队配合经验与成熟文档，建议可用生命周期法。

表 2-5-5 生命周期法的优点和缺点

生命周期法的优点	生命周期法的缺点
严格区分了开发阶段	开发周期长
系统的针对性强	开发过程烦琐
整体性与全局性较好	产生较多的资料和文档

知识链接

请扫码查看学习资料

学习活动六

使用原型法确定MIS开发步骤

一、情境描述

珍岛信息技术股份有限公司需要一套小型管理信息系统，经公司信息部刘经理开会研讨：如果向外购置，需要花费约20万元，如果内部开发则能够大大节约成本。刘经理最终决定选择内部开发，毕竟这套系统只是单功能系统，并不复杂，公司能够自行解决。目前面临第一个问题：如果采用原型法，应该如何设计顶层开发计划？

请你运用MIS开发方法中的原型法解决该问题。

二、工作目标

1. 结合信息系统的用户需求进行初步调研
2. 结合信息系统的用户需求开发原型模型
3. 对开发系统模型进行评价，并做出修改

三、能力目标

1. 根据用户需求快速甄选系统原型工具的能力
2. 系统模型建成后的纠偏能力，汇总能力
3. 通过系统原型的应用，快速对原型进行评价、修正和改进的能力

四、素质目标

1. 做好顶层设计，形成大局意识
2. 灵活多变的创新精神
3. 效率意识

五、工作步骤

工作步骤及要求如表2-6-1所示。

表 2-6-1　工作步骤及要求

序号	工作步骤	要求	备注
1	工作准备	进行初步调研，了解系统开发需求；对本团队开发能力进行判断，了解能力与需求的契合程度；准备好调研相关工具、器材、信息处理的软硬件设备	
2	工作实施	包括撰写两个任务文档，设计一个系统模型： 文档一：初步需求调研文档。初步调研各方，确定基本需求，包括系统名称、系统目标、主要管理功能、使用者、信息输入/输出等 文档二：系统原型设计说明文档。包括：划分基本功能模块，输入/输出模块，界面，存储方式、与其他系统的关系等 系统模型：涵盖用户需求的模拟管理信息系统	
3	工作结束	整理过程文档等工作文件；对计划实施评价并签字确认	

六、工作要求

（1）组建工作团队，进行任务分工，建议4～6人。

（2）调研中要礼貌用语，用录音软件等工具详细做好需求记录，识别关键需求。

（3）模型设计过程要周详细致，对于模型版本迭代时的不同阶段的人、财、物信息有详细的列表清单记录。

七、工作成果

1．对本次工作任务分工进行记录

对本次工作任务分工进行记录，将结果填入表2-6-2中。

表 2-6-2　工作任务分工

工作人员姓名	工作环节	绩效要求	所需工具
如：张良	搜集需求信息；评价计划	完整、清晰地记录需求信息；对计划质量给出判断，并提出建议	录音笔、录音软件、笔记本、签字笔等

2．初步需求调研

实施初步需求调研，针对本次系统（小型管理信息系统）开发，走访该公司信息部和销售部，联合各方共同确定基本需求，将所整理的信息填入表2-6-3中。

表 2-6-3　需求调研表

调研项目	具体内容	备注
系统名称		
系统目标		
主要管理功能		
使用者（所属部门）		
信息输入/输出流程		

3．编制系统原型设计说明文档

结合表2-6-3中的调研需求，团队成员根据原型法进行讨论和分析，将最终结论填入下列横线处。

（1）根据调研结果，本团队认为该小型管理信息系统大致分为以下几个功能模块：

根据调研结果，结合团队能力，对该小型管理信息系统的可行性粗略概括如下：

（2）根据调研结果，对该原型的输入/输出模块粗略概括如下：

（3）根据调研结果，对该原型的界面概括如下：

（4）根据调研结果，对系统实施的人员、编程工具、存储方式概括如下：

（5）根据调研结果，对该系统与其他系统的关系概括如下：

4．系统模型

结合系统原型设计说明文档，建立一个简单的小型管理信息系统，工作流程截图、打印并粘贴如下：

如有可视化系统运行界面，可以截图、打印并粘贴如下（根据实际情况填写）：

5．汇总和评价

对工作过程中的各种资料、工作文件进行整理，并对系统原型设计说明文档实施评价，将结果填入表2-6-4中。

表 2-6-4　汇总与评价表

汇总整理		
资料、文件名称	具体名称	请用"√"和"◊"标明是否收集并归档
需求整理形成的资料		
文档编制的参考资料		
系统原型设计说明文档		
评价		
评价维度	**评价结论**	
调研团队的分工配合程度		
需求信息收集的完整性		

续表

评价	
评价维度	评价结论
需求信息收集的具体性	
系统原型设计说明文档的完整性	
系统原型设计说明文档的可行性	
模型的实用性	
团队成员确认后签名：	

八、工作总结

请对本次工作进行总结，并将最终结论填入下列横线处。

（1）你认为本次工作任务中决定任务成败的关键环节有哪些？

____

____

____

（2）通过对本次工作任务进行回顾，你学到了哪些知识和技能？

____

____

____

（3）通过对本次工作任务进行回顾，你有哪些工作心得和感悟？

____

____

____

重难点知识

一、原型法的介绍

原型法是一种根据用户初步需求，利用系统开发工具，快速地建立一个系统模型展示给用户，并在此基础上与用户交流，最终实现用户需求的信息系统快速开发的方法。

原型法中所确定原型的内容一般包括：系统的功能、输入输出、与其他系统的关系、界面、存储方式。

二、原型法的基本思想

原型法凭借着系统分析人员对用户要求的理解，在强有力的软件环境的支持下，快速给出一个系统模型（也称原型），然后经与用户反复商洽修改，形成最终交付的系统。该模型大致体现了系统分析人员对用户需求的理解和用户实际想要实现的形式。原型法的工作流程如图2-6-1所示。

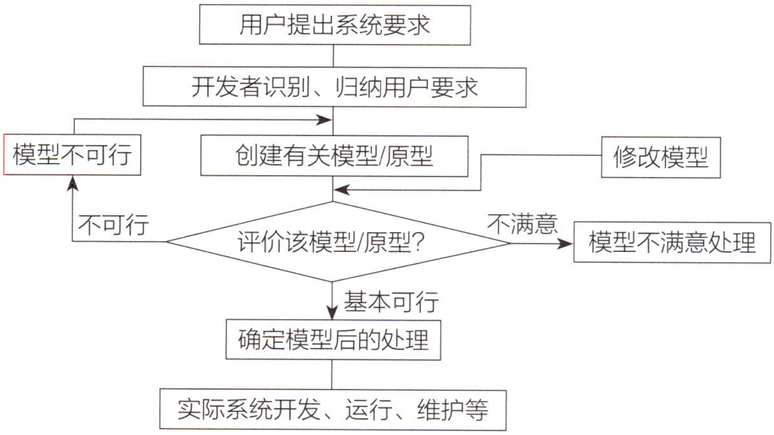

图 2-6-1　原型法的工作流程

三、原型法的优缺点

原型法的优点和缺点都较为明显，如表2-6-5所示。何时选用原型法，要根据项目的实际情况进行判断。原型法比较适用于用户需求不清、管理及业务处理不稳定、需求经常发生变化，系统规模较小且不太复杂的情况。

表 2-6-5　原型法的优点和缺点

原型法的优点	原型法的缺点
符合人们对事物的认识规律	不适合开发大型系统
开发周期短，费用相对较少	开发过程管理要求高
由于用户的直接参与，系统更加贴近实际，符合用户的需求	缺少规范的文档资料
易学易用，减少用户的培训时间，应变能力强	开发人员很容易潜意识地用原型取代系统分析

知识链接
请扫码查看学习资料

第二部分

规划信息系统功能模块

对学习者的意义

信息系统的建设是个投资巨大、历时长、复杂度高的系统工程，规划不好将造成损失。科学的规划可以减少盲目性，使系统有良好的整体性、较高的适应性。管理信息系统战略规划是管理信息系统开发过程的第一步，是管理信息系统长远发展的规划。

管理信息系统的系统规划依据企业资源状况、企业整体信息管理需求及当前技术环境对企业管理信息系统从系统目标、总体功能结构、关键功能需求、关键信息需求、开发进度等方面做出战略性安排。

学习活动七

运用SST法对信息系统实施规划

一、情境描述

战略集合转移法（Strategy Set Transformation，SST）是把组织的总战略看成一个信息集合，通过将组织的战略集合转变为管理信息系统的战略集合的过程。珍岛信息技术股份有限公司已经有它既定的企业战略目标，公司拟借用信息化手段来提升企业的经营效益和降低其运营成本，现在安排信息部刘经理作为本次企业信息化项目建设的负责人，结合公司已有的企业战略目标，对即将要开发建设的管理信息系统进行系统实施前的规划。考虑到公司规模属于中小型企业且公司业务类型较为单一，因此，拟建设的系统是一套小型单功能管理信息系统。

请你运用SST法对本次信息系统实施进行前期规划。

二、工作目标

1. 结合企业提供的战略目标进行初步调研
2. 结合企业的战略目标确定企业的管理信息系统战略目标
3. 编写管理信息系统战略目标方案

三、能力目标

1. 快速识别和阐明组织战略集合的能力
2. 将组织的战略集合转化为信息系统集合的能力
3. 评价和纠正组织信息系统集合的能力

四、素质目标

1. 考虑多方利益，体现利益平衡的原则
2. 战略先导的作用

五、工作步骤

工作步骤及要求如表2-7-1所示。

表 2-7-1　工作步骤及要求

序号	工作步骤	要求	备注
1	工作准备	进行初步调研，了解企业的战略目标；对本团队开发能力进行判断；准备好调研相关工具、器材、信息处理的软硬件设备	
2	工作实施	包括撰写两个任务文档： 文档一：企业战略目标调研文档。初步识别和阐明企业的战略目标，勾画出企业各类人员结构，识别每类人员的要求和目标，识别每类人员的使命和战略 文档二：MIS战略目标方案。方案包括系统目标、约束及设计原则等	
3	工作结束	整理过程文档等工作文件；对计划实施评价并签字确认	

六、工作要求

（1）组建工作团队，进行任务分工，建议4～6人。

（2）调研中要礼貌用语，用录音软件等工具详细做好需求记录，识别关键需求。

（3）文档编制过程要细致，对于任务文档版本迭代不同阶段的人、财、物有详细的列表清单记录。

七、工作成果

1. 对本次工作任务分工进行记录

对本次工作任务分工进行记录，将结果填入表2-7-2中。

表 2-7-2　工作任务分工

工作人员姓名	工作环节	绩效要求	所需工具
如：张良	搜集企业长期战略计划；评价计划	完整、清晰地记录企业长期战略计划；对计划质量给出判断，并提出建议	录音笔、录音软件、笔记本、签字笔等

2．识别企业战略集合

实施初步调研，考查该企业是否有成文的战略计划，若有，结合成文的战略计划与企业管理层进行商洽，确定最新的符合企业发展的企业战略集合；若无，则需要先构造企业战略集合，可结合表2-7-3进行补充。

表 2-7-3　企业战略目标汇总表

组织群体	组织目标	组织战略	组织属性
例	01：年增收入10%（S，Cr，M）	S1：扩展新业务（01，06）	A1：管理水平较高（M）
	02：改进现金流（S，Cr）	S2：改进信贷（01，02，03）	A2：当前经营状况不好，有改革现状的要求（S，M）
	03：提高顾客满意度（Cu）	S3：重新设计产品（03，04，05，06）	A3：大部分管理者有使用计算机的经验（M）
	04：增加社会义务（G，P）		A4：管理者权力的高度分散（M）
	05：高质量产品生产（M，Cu）		
	06：提高生产可持续性（S，Cr，M）		

注：组织群体包含公众（P），顾客（Cu），股东（S），政府（G），债权人（Cr），雇员（E），管理者（M）

3．编写MIS战略目标方案

（1）结合表2-7-3中的企业战略目标，团队成员根据战略目标集转化法进行讨论和分析，根据“信息系统规划”知识，本团队认为该企业的MIS战略集合可以概括为表2-7-4。

表 2-7-4　企业 MIS 战略集合汇总表

组织群体	MIS目标	MIS约束	MIS战略

续表

组织群体	MIS目标	MIS约束	MIS战略
注：组织群体包含公众（P），顾客（Cu），股东（S），政府（G），债权人（Cr），雇员（E），管理者（M）			

（2）在将企业的战略目标集合转化为MIS战略目标集合的时候，本团队遇到的问题和障碍可以整理如下。

4．汇总和评价

对工作过程中的各种资料、工作文件进行整理，并对MIS战略目标方案实施评价，将结果填入表2-7-5中。

表 2-7-5　汇总与评价表

汇总整理		
资料、文件名称	具体名称	请用“√”和“◊”标明是否收集并归档
需求整理形成的资料		
方案制定的参考资料		
企业战略目标集合文档		
MIS战略目标方案		
评价		
评价维度	评价结论	
调研团队的分工配合程度		
信息收集的完整性		
信息收集的具体性		
企业战略目标文档的完整性		
MIS战略目标方案的完整性		
MIS战略目标方案的可行性		
团队成员确认后签名：		

八、工作总结

请对本次工作进行总结，将最终结论填入下列横线处。

（1）你认为本次工作任务中决定任务成败的关键环节有哪些？

（2）通过对本次工作任务进行回顾，你学到了哪些知识和技能？

（3）通过对本次工作任务进行回顾，你有哪些工作心得和感悟？

重难点知识

一、战略目标集转化法的介绍

战略目标集转化法把整个战略目标看成“信息集合”，由使命、目标、战略和其他战略变量组成，管理信息系统规划过程就是把组织的战略目标转变为管理信息系统战略目标的过程。

二、战略目标集转化法的基本思想

该方法的第一步是识别组织的战略集合，先考察一下该组织是否有成文的战略计划，如果没有，就要去构造这种战略集合；第二步是将组织战略集合转化为管理信息系统战略，管理信息系统战略应包括系统目标、约束及设计原则等。这个转化的过程包括对应组织战略集合的每个元素识别对应的管理信息系统战略约束，然后提出整个管理信息系统的结构；最后将编撰好的方案呈送组织管理层进行审定。战略目标集转化法的工作示意图如图2-7-1所示。

图 2-7-1　战略目标集转化法示意图

三、战略目标集转化法的优缺点

战略目标集转化法的优点较为明显，它从另一个角度识别组织管理目标，反映了组织中各种群体的要求，按照不同群体的要求进行分层，然后结构化地转化为管理信息系统目标，顾及了组织目标的全面性，这种方法最大的不足是它不适用于突出系统规划的重点内容。

知识链接
请扫码查看学习资料

学习活动八

运用CSF法对信息系统实施规划

一、情境描述

关键成功因素（Critical Success Factors，CSF）是指在一个企业运营管理中的一些因素或领域，这些因素或领域的状态决定着企业的运营状况。通过分析，找出使得组织成功的关键因素，然后再围绕这些关键因素来确定系统的需求并进行规划。

珍岛信息技术股份有限公司管理层非常关注公司未来发展问题，希望公司引入信息技术改善传统经营状况，为申请成为高新技术企业奠定基础。为此需要开发一套企业适用的小型管理信息系统，提升公司未来经验效益。经公司信息部刘经理开会研讨，准备采用关键成功因素法对企业的信息系统进行规划。

请你运用CSF法对本次信息系统实施进行前期规划。

二、工作目标

1. 调研和确定企业目标
2. 识别和确定企业关键成功因素
3. 确定关键管理控制的信息需求

三、能力目标

1. 确定组织战略目标的能力
2. 使用相关工具识别和确定组织关键成功因素的能力
3. 识别、监测和评价各关键成功因素的绩效指标和标准及测量绩效的数据的能力

四、素质目标

1. 工作中应探究事物的主要矛盾与核心问题
2. 养成逻辑推导有理有据的习惯

五、工作步骤

工作步骤及要求如表2-8-1所示。

表 2-8-1 工作步骤及要求

序号	工作步骤	要求	备注
1	工作准备	进行初步调研，了解企业的情况；对高层管理人员进行必要访谈；分析所得资料，确定企业目标；对本团队开发能力进行判断；准备好调研相关工具、器材、信息处理的软硬件设备	
2	工作实施	包括撰写两个任务文档： 文档一：企业发展因果分析文档。运用鱼骨图对企业的关键成功要素进行分析，并汇总成若干个影响企业达成目标的关键成功要素维度 文档二：企业经营核心指标表文档。文档内包括核心指标维度、指标要素、指标数据来源、指标数据采集标准	
3	工作结束	整理过程文档等工作文件；对计划实施评价并签字确认	

六、工作要求

（1）组建工作团队，进行任务分工，建议4～6人。

（2）调研中要礼貌用语，用录音软件等工具详细做好需求记录，识别关键需求。

（3）文档编制过程要细致，对于任务文档版本迭代不同阶段的人、财、物有详细的列表清单记录。

七、工作成果

1. 对本次工作任务分工进行记录

对本次工作任务分工进行记录，将结果填入表2-8-2中。

表 2-8-2 工作任务分工

工作人员姓名	工作环节	绩效要求	所需工具
如：张良	调研企业经营目标；评价目标	完整、清晰地记录企业经营目标；对目标质量给出判断，并提出建议	录音笔、录音软件、笔记本、签字笔等

2．编写企业发展因果分析文档

实施初步企业调研，针对本次系统（小型管理信息系统）开发，走访该公司高层管理人员，联合各方共同确定企业的目标，并确定实现各类目标的核心成功要素，将所整理的信息填入表2-8-3中。

表 2-8-3　企业目标汇总表

企业目标	所属职能部门	核心成功因素

根据表2-8-3信息，采用关键成功因素法对企业的信息系统进行规划，用鱼骨图表示企业发展成功要素，截图、打印并粘贴如下。

3．编写企业经营核心指标表文档

（1）团队成员对企业发展成功要素进行讨论和分析，进一步细化与各类成功要素对应的企业经营指标，将最终结论填入表2-8-4对应的区域内。

表 2-8-4　企业经营核心指标汇总表

组织战略目标	关键成功因素	关键成功因素的性能指标和评估标准	性能指标和评估标准对应的数据

（2）在确定企业发展成功要素和对应的核心指标的时候，本团队遇到的问题和障碍可以整理如下。

4．汇总和评价

对工作过程中的各种资料、工作文件进行整理，并对MIS战略目标方案实施评价，将结果填入表2-8-5中。

表 2-8-5　汇总与评价表

汇总整理		
资料、文件名称	具体名称	请用“√”和“◊”标明是否收集并归档
需求整理形成的资料		
方案制定的参考资料		
企业目标汇总表		
企业经营核心指标汇总表		
评价		
评价维度	评价结论	
调研团队的分工配合程度		
信息收集的完整性		
信息收集的具体性		
企业目标汇总表的完整性		
企业经营核心指标汇总表的完整性		
企业经营核心指标汇总表的具体性		
团队成员确认后签名：		

八、工作总结

请对本次工作进行总结，将最终结论填入下列横线处。

（1）你认为本次工作任务中决定任务成败的关键环节有哪些？

（2）通过对本次工作任务进行回顾，你学到了哪些知识和技能？

（3）通过对本次工作任务进行回顾，你有哪些工作心得和感悟？

重难点知识

一、关键成功因素法的介绍

关键成功因素法通过分析找出使得组织成功的关键因素，然后再围绕这些关键因素来确定信息系统的需求并进行规划。关键成功因素是企业绝对不能出差错的地方，因此是组织的高层决策者经常关注的内容，对于企业在关键成功因素领域的表现，必须不断地加以衡量并用信息表达出来。

二、关键成功因素法的基本思想

关键成功因素法的目的是通过企业的关键成功因素，确定企业运营管理的关键信息需求。这种方法的切入点是高层管理人员，因此关键成功因素法的目的是获取关键管理控制的信息需求。应用关键成功因素法大致可分为确定企业目标、识别关键成功因素、确定关键信息需求三个步骤，工作步骤如图2-8-1所示。

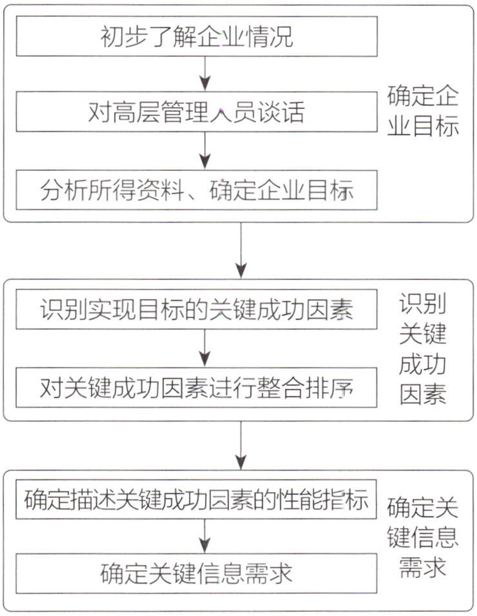

图 2-8-1　关键成功因素法工作步骤示意图

三、关键成功因素法的优缺点

关键成功因素法的优点是能够抓住主要矛盾，使企业目标的识别突出重点，它始于商业目标，从管理者的角度进行信息系统的规划，使管理者可以决定自己的关键成功因素，并且为这些因素建立良好的衡量标准，确定需求信息及其类型，根据这些开发数据库，从而开发出一个对管理者有意义的信息系统。

它的局限性在于这种方法只注重特定的管理者的信息需求，而忽视了整个组织的信息需求。

知识链接

请扫码查看学习资料

第三部分

描述信息系统的可行性

对学习者的意义

系统分析是管理信息系统开发工作中重要的一个阶段，经过系统分析人员对企业管理业务的详细调查，利用一些描述及分析方法，得出对企业现有的信息处理系统的描述和分析，或是提出新系统的逻辑方案。

可行性研究也称为可行性分析，是所有工程项目在开始阶段必须进行的一项工作，是对系统进行全面、概要的分析。为了进一步明确系统的目标、规模与功能，需要对系统开发的背景、必要性和意义进行调查分析，从而判断既定的系统目标和规模等是否能够实现，在完成系统建设后，使用系统所带来的效益是否大于建设系统时的投资。

学习活动九

撰写一份信息系统可行性报告

一、情境描述

珍岛信息技术股份有限公司管理层非常关注公司未来发展问题，希望公司引入信息技术改善传统经营状况。为了加快公司的信息化管控进程，公司管理层开会商讨，准备让公司的信息部负责此次信息化项目的建设，开发一套本企业适用的小型管理信息系统。

在正式开始实施信息系统建设项目前，信息部需要完成公司的前期需求调研，并且撰写一份系统可行性分析报告提交公司管理层进行审阅。

请你结合撰写可行性报告的相关知识，完成准备建设的信息系统的可行性分析报告的撰写任务。

二、工作目标

1. 调研和确定企业拟建设的信息系统的主要开发需求和条件
2. 对拟建设的信息系统进行建议和评估
3. 撰写系统可行性分析报告

三、能力目标

1. 具备项目统筹管理的能力
2. 有评估与系统建设相关的环境、经济、技术和法律指标的能力
3. 撰写报告时的逻辑思辨能力

四、素质目标

1. 不弄虚作假的求真务实精神
2. 养成先调查、后分析的好习惯

五、工作步骤

工作步骤及要求如表2-9-1所示。

表 2-9-1　工作步骤及要求

序号	工作步骤	要求	备注
1	工作准备	进行初步调研，了解企业的情况；对高层管理人员和各职能部门职员进行必要访谈；分析所得资料，确定企业目标；对本团队开发能力进行判断；准备好调研相关工具、器材、信息处理的软硬件设备	
2	工作实施	撰写一个任务文档： 系统可行性分析报告。内容包括：可行性研究的前提、对现有系统的分析、所建议的系统、可选择的其他备选系统方案、投资及效益分析、社会因素方面的可行性、结论	
3	工作结束	整理过程文档等工作文件；对计划实施评价并签字确认	

六、工作要求

（1）组建工作团队，进行任务分工，建议4～6人。

（2）调研中要礼貌用语，用录音软件等工具详细做好需求记录，识别关键需求。

（3）文档编制过程要细致，对于任务文档版本迭代不同阶段的人、财、物有详细的列表清单记录。

七、工作成果

1. 对本次工作任务分工进行记录

对本次工作任务分工进行记录，将结果填入表2-9-2中。

表 2-9-2　工作任务分工

工作人员姓名	工作环节	绩效要求	所需工具
如：张良	调研企业经营目标；评价目标	完整、清晰地记录企业经营目标；对目标质量给出判断，并提出建议	录音笔、录音软件、笔记本、签字笔等

2. 企业用户需求和拟建设信息系统情况调研

实施初步企业调研，针对本次系统（小型管理信息系统）开发，走访该公司高层管理人员和有关职能部门，联合各方共同确定系统的建设目标、当前系统约束、拟建设的信息系统的情况等，将所整理的信息填入表2-9-3中。

表 2-9-3 需求调研表

调研项目		具体内容		备注
项目概况	开发背景			
	建设目标			
	建设内容			
	当前约束条件	硬件		
		软件		
拟建设信息系统概况	系统概述			
	功能描述			
额外需求				

3. 编写系统可行性分析报告

结合表2-9-3中的调研信息，团队成员根据系统可行性报告的格式，补充完下列横线要求填充的内容。

（1）根据可行性研究报告相关知识，本团队撰写的分析报告将从以下几个方面进行论述（可参考前言、建设背景、系统开发目标、系统可行性分析、系统开发模式、系统开发工具和总结几部分展开）。

（2）根据本团队的实地调研情况，对该企业的基本情况可概括如下。

根据总结出的该企业的基本情况，本团队认为该企业拟建设的管理信息系统的开发背景可概括如下。

（3）根据本团队的实地调研情况，对实施本次信息化项目的建设目标和内容可概括如下。

____

____

____

（4）根据本团队的实地调研情况，结合企业实际业务情况，可以将拟建设信息系统的攻关问题整理如下。

综上，可以从环境、经济、技术和法律4方面对拟建设的管理信息系统进行可行性评估，具体如下。

从环境的可行性方面进行评估，具体内容可整理如下。

____

____

____

从经济的可行性方面进行评估，具体内容可整理如下。

____

____

____

从技术的可行性方面进行评估，具体内容可整理如下。

____

____

____

从法律的可行性方面进行评估，具体内容可整理如下。

____

____

____

（5）根据本团队的实地调研情况，可以确定的系统开发模式是：

____

____

____

可以确定的系统开发工具是：

（6）综上，本团队得出此次系统可行性研究分析的结论是：

4. 汇总和评价

对工作过程中的各种资料、工作文件进行整理，并对系统可行性分析报告实施评价，将结果填入表2-9-4中。

表 2-9-4　汇总与评价表

汇总整理		
资料、文件名称	具体名称	请用“√”和“◊”标明是否收集并归档
需求整理形成的资料		
方案制定的参考资料		
系统可行性分析报告		

评价	
评价维度	评价结论
调研团队的分工配合程度	
信息收集的完整性	
信息收集的具体性	
系统可行性分析报告的完整性	
系统可行性分析报告的可行性	

团队成员确认后签名：

八、工作总结

请对本次工作进行总结，将最终结论填入下列横线处。

（1）你认为本次工作任务中决定任务成败的关键环节有哪些？

（2）通过对本次工作任务进行回顾，你学到了哪些知识和技能？

（3）通过对本次工作任务进行回顾，你有哪些工作心得和感悟？

重难点知识

一、信息系统可行性报告的介绍

信息系统可行性报告的编制是确定建设信息系统项目之前具有决定性意义的工作，是在投资决策上的合理性，技术上的先进性和适应性以及建设条件的可能性和可行性，从而为投资决策提供科学依据。

二、信息系统可行性报告的基本思想

信息系统可行性报告考虑的因素必须全面，因为它关系一个信息系统项目的成败。不同项目所要考虑的因素会有所不同，但是一份考虑全面的可行性报告基本包含以下几项核心内容：投资的必要性、组织的可行性、技术的可行性、财务的可行性、经济的可行性、社会的可行性、分析结论，常用格式和对应的论述内容如表2-9-5所示。

表 2-9-5　可行性分析报告格式及论述内容参照表

一级论述内容	二级论述内容
引言	编写目的、背景、定义
可行性研究的前提	要求、目标、条件和限制、可行性研究方法、评价尺度
对现有系统的分析	数据处理流程、费用开支、人员、设备、局限性
所建议的系统	系统说明、数据处理流程、改进之处、影响、局限性、技术可行性
可选择的其他系统方案	若干版本的方案
投资及效益分析	支出、收益、收益投资比、投资回报周期
社会因素方面的可行性	法律方面的可行性、使用方面的可行性
结论	本次分析论证的结论说明

三、信息系统可行性报告的编制注意事项

虽然可行性分析报告的版式和内容大同小异，但是在撰写可行性分析报告的过程中，如果注意了以下几项事项，将会加深报告的整体分析深度，使得报告更具可读性。

（1）布局合理，避免头重脚轻、避重就轻。

（2）主次分明，避免一概而言、平铺直叙。

（3）简明扼要，避免重复拖沓、画蛇添足。

（4）实事求是，避免张冠李戴、照猫画虎。

（5）因地制宜，避免削足适履、不切实际。

（6）尽量用数据说明问题，特别是基础调研情况。

（7）注意用词，可行性研究阶段投资称为概算。

知识链接
请扫码查看学习资料

第四部分

详细调查与分析信息系统

对学习者的意义

在理论上评估完信息系统是否可以实施后，信息系统开发活动进入实质性阶段，即需求分析阶段，这一阶段系统开发人员和用户必须共同明确系统确切需要“做什么”，需要做的工作就是对现行系统进行详细的调查与分析。

详细调查与分析在于掌握现行系统的现状，掌握现行系统的执行过程，发现问题和薄弱环节，收集资料和数据，为接下来的系统化分析和提出新系统的逻辑设计做好准备。系统分析是整个系统开发的基础，是开发成功的关键。

学习活动十

调查与分析组织结构与管理功能

一、情境描述

珍岛信息技术股份有限公司管理层在完成了对公司信息化建设可行性评估后，公司信息化项目进入实质性开发实施阶段。公司信息部刘经理牵头成立了调查组，围绕组织内部信息流所涉及领域的各个方面准备展开详细的调查。

二、工作目标

1. 详细调查企业现有组织目标和发展战略
2. 详细调查企业现有组织结构和功能业务
3. 详细调查企业现有管理方式、具体业务管理方法、决策方式、决策过程

三、能力目标

1. 挖掘组织各部门职能工作信息的能力
2. 提炼组织各部门管理职能的能力
3. 应用计算机绘图工具的能力

四、素质目标

1. 塑造面向公司整体组织的系统性思维
2. 形成大局意识，从宏观上制订计划

五、工作步骤

工作步骤及要求如表2-10-1所示。

表 2-10-1 工作步骤及要求

序号	工作步骤	要求	备注
1	工作准备	进行调研，了解企业的情况；对高层管理人员和各职能部门职员进行必要访谈；分析所得资料，确定企业目标；对本团队开发能力进行判断；准备好调研相关工具、器材、信息处理的软硬件设备	
2	工作实施	绘制一个图，撰写一个文档： 图：组织结构图。反映组织内部各部门隶属关系，主要包含所开发的管理信息系统涉及的企业部门 文档：职能部门管理功能文档。反映企业要开发的管理信息系统涉及的各职能部门日常业务功能	
3	工作结束	整理过程文档等工作文件；对计划实施评价并签字确认	

六、工作要求

（1）组建工作团队，进行任务分工，建议4～6人。

（2）调研中要礼貌用语，用录音软件等工具详细做好需求记录，识别关键需求。

（3）文档编制过程要细致，对于任务文档版本迭代不同阶段的人、财、物有详细的列表清单记录。

七、工作成果

1. 对本次工作任务分工进行记录

对本次工作任务分工进行记录，将结果填入表2-10-2中。

表 2-10-2 工作任务分工

工作人员姓名	工作环节	绩效要求	所需工具
如：张良	调研企业整体组织结构	完整、清晰地记录企业组织结构，并画出组织结构图	录音笔、录音软件、笔记本、签字笔等

2．企业组织结构调查

（1）组织结构指的是一个企业的组成以及这些组成部分之间的相互关系。绘制组织结构图，用它来描述组织的总体结构以及组织内部各部分之间的联系，反映组织内部之间的隶属关系。根据本团队调查，该企业的职能部门一共有______个，分别列出如下：

（2）本团队整理后，用组织结构图表示如下。

3．企业功能结构调查

企业的总目标是由内部各部门的职能实现的，这些职能又依赖其下面的具体功能完成，为了实现目标，系统必须具有各种功能。功能即完成某项工作的能力。

（1）本团队以系统应用范围内的部门为调查对象，深入调查各部门的职责、工作内容、分工，从而提炼汇总出企业各职能部门的管理功能，将整理后的管理功能填入表2-10-3中。

表 2-10-3　企业各职能部门管理功能汇总表

所属部门	部门职责	工作内容	分工	分工关联部门	具体联系工作内容
例：销售部	销售管理	销售计划管理	销售历史资料管理	总经办	经营决策数据来源
			销售计划管理	总经办、财务部	经营决策数据来源、企业预算编制
			编制年度销售大纲	总经办、财务部、仓管部	经营决策数据来源、财务预决算参考数据来源、企业库存数据来源
		销售统计分析	销售收入核算 销售利润核算 销售统计分析		
		市场预测	市场分析 市场预测		

（2）根据表2-10-3对企业各职能部门管理功能的调查情况，对该企业______部门现有的______管理功能的______工作内容中，分工内容的优先级排序如下。

4．汇总和评价

对工作过程中的各种资料、工作文件进行整理，并对企业组织结构和管理功能评价，将结果填入表2-10-4中。

表 2-10-4 汇总与评价表

汇总整理		
资料、文件名称	具体名称	请用“√”和“◊”标明是否收集并归档
需求整理形成的资料		
图片绘制的参考资料		
组织结构图		
企业管理功能文档		
评价		
评价维度	评价结论	
调研团队的分工配合程度		
信息收集的完整性		
信息收集的具体性		
组织结构图的完整性		
企业管理功能文档的可行性		
企业管理功能文档的完整性		
团队成员确认后签名：		

八、工作总结

请对本次工作进行总结，将最终结论填入下列横线处。

（1）你认为本次工作任务中决定任务成败的关键环节有哪些？

（2）通过对本次工作任务进行回顾，你学到了哪些知识和技能？

（3）通过对本次工作任务进行回顾，你有哪些工作心得和感悟？

重难点知识

一、组织结构与管理功能的介绍

现行系统的信息管理功能是通过企业的组织机构的运作来实现的。因此，对现行组织机构及其管理功能的描述是系统分析工作的切入点。组织机构及其管理功能的描述包括三个方面的内容，即组织的结构、业务管理功能、业务管理功能与组织机构的联系。

二、详细调查原则

详细调查的范围应该是围绕组织内部信息流所涉及领域的各个方面，但应该注意的是，信息流是通过物流而产生的，物流和信息流又都是在组织中流动的，故调查的范围就不能仅仅局限于信息和信息流，应该包括企业的生产、经营、管理等各个方面，在调查时，也需要遵循以下五点原则。

（1）自顶向下全面展开：从组织管理工作的顶层逐层往下调查，直至摸清组织的全部管理工作。

（2）先熟悉业务再分析其改进的可能性：原有组织的管理部门和工作是否可以在新的信息系统支持下优化和改进。

（3）采用工程化的工作方式：将工作规范化，以便团队之间更好地沟通协调。

（4）全面调查与重点调查相结合。

（5）主动与用户沟通、保持积极友好的人际关系。

三、详细调查时的信息收集技术

在对企业进行实地调查时，需要重点考虑信息收集时的技术和方法，从而保证收集到的信息的有效性。常用的信息收集技术主要分为两种：一种是交互式方法，如：面谈、调查表；另一种是非干扰性方法，如：采样、调查、观察决策者行为、观察物理环境。

知识链接

请扫码查看学习资料

学习活动十一

调查与分析业务流程与数据流程

一、情境描述

珍岛信息技术股份有限公司管理层授权公司信息部牵头成立公司信息化项目调查组后，调查组就公司的现有组织机构和各职能部门的管理功能进行了详细调研。考虑到企业的运作是通过企业组织机构的各项业务过程实现的，因此调查组接下来需要对公司的各职能部门所涉及的业务流程进行进一步调查，根据各个业务流程，提炼出更加抽象的数据流程，这样后续才能实现使用计算机进行信息系统的管理。

二、工作目标

1. 详细调查企业现有的业务流程，并绘制业务流程图
2. 详细调查企业现有的业务流程，并绘制数据流程图
3. 创建数据字典

三、能力目标

1. 绘制组织业务流程图的能力
2. 绘制业务流程图、数据流程图的能力
3. 绘制图形时的抽象逻辑思维能力

四、素质目标

1. 形象思维与逻辑思维相结合的理念
2. 孜孜不倦的工匠精神
3. 做事谨小慎微，细节决定成败

五、工作步骤

工作步骤及要求如表2-11-1所示。

表 2-11-1　工作步骤及要求

序号	工作步骤	要求	备注
1	工作准备	进行调研，了解企业的业务流程；对高层管理人员和各职能部门职员进行必要访谈；分析所收集的资料；对本团队开发能力进行判断；准备好调研相关工具、器材、信息处理的软硬件设备	
2	工作实施	绘制两个图，撰写一个文档： 图一：业务流程图。描述系统内各部门、人员之间的业务关系、作业顺序和管理信息的流向，帮助分析人员找出业务流程中的不合理流向 图二：数据流程图。表示信息流程和信息变换过程，是一种管理信息系统逻辑模型 文档：数据字典文档。定义和描述所有数据，包括对一切动态数据（数据流）和静态数据（数据存储）的数据结构和相互关系的说明	
3	工作结束	整理过程文档等工作文件；对计划实施评价并签字确认	

六、工作要求

（1）组建工作团队，进行任务分工，建议4～6人。

（2）调研中要礼貌用语，用录音软件等工具详细做好需求记录，识别关键需求。

（3）绘图和文档编制过程要细致，对于任务文档版本迭代不同阶段的人、财、物有详细的列表清单记录。

七、工作成果

1. 对本次工作任务分工进行记录

对本次工作任务分工进行记录，将结果填入表2-11-2中。

表 2-11-2　工作任务分工

工作人员姓名	工作环节	绩效要求	所需工具
如：张良	调研企业营销部业务流程	完整、清晰地记录企业营销部的所有业务流程，并画出营销部业务流程图	录音笔、录音软件、笔记本、签字笔等

续表

工作人员姓名	工作环节	绩效要求	所需工具

2. 企业业务流程调查

（1）业务流程调查的内容包括各环节的处理业务、信息来源、处理方法、计算方法、信息流经去向、提供信息的时间和形态等。根据本团队调查，按照企业业务的重要性进行排序，可以将本次调查的公司业务排列如下（重要的在前，次重要的在后）。

（2）根据上述业务排序，结合团队的调研，对于不同的业务，可以绘制出相应的业务流程图如下。

该业务所属______职能部门，业务流程图对应如下。

（3）与该项业务相关的企业内部其他职能部门有______，该项业务与其他职能部门业务处理过程的联系可以整理为表2-11-3。

表 2-11-3　部门 / 业务联系表

业务联系部门	财务部	销售部	仓库	……
例：产品销售计划制定	√	*	√	

注：*表示该部门是相应业务的执行部门
×表示该部门是相应业务的辅助执行部门
√表示该业务的执行需要用到相应职能部门的数据

3．企业数据流程调查

为了更进一步避免物理要素对信息系统设计的影响，接下来从某项具体业务数据的处理与流动过程描述进行调研分析，关键记录信息的流动、处理和存储。

（1）本团队以各职能部门对应业务为调查对象，详细调查执行该项业务时信息的流动、处理和存储情况，将整理后的数据情况填入表2-11-4中。

表 2-11-4　数据情况汇总表

所属部门	对应业务	与业务相关的其他职能部门	信息处理过程	信息处理衍生物	信息存储位置
例：采购部	制订物资采购计划	仓储部	计算物资采购计划量	合理库存量 当前库存量	物资采购计划
		技术部	审核	物资消耗定额	物资需求汇总表
		工厂	审核	物资需求计划表	物资需求汇总表

（2）根据表2-11-4，结合本团队的数据流程调查情况，对该企业现有的______业务，绘制对应的数据流程图，一共分为______层，其中顶层图如下。

对顶层图的数据处理过程整理描述如下。

第______层数据流程图如下：

对该层数据流程图的数据处理过程整理描述如下。

4．编制数据字典

在绘制完成数据流程图后，为了对图中涉及的数据类（数据项、数据存储、数据功能、外部实体）给出更加详细的描述，为后续系统设计中数据类和数据库的设计提供更加规范的标准化基础，针对各数据流程图编制对应的数据字典。

（1）根据本团队的详细调查，对该企业业务中的数据项编制数据字典，将整理后的数据项描述填入表2-11-5中。

表 2-11-5　数据项字典

数据项编号	名称	类型	取值长度	备注
例：A-01	订单号	字符型	12	数据项可多次出现

（2）根据本团队的详细调查，对该企业业务中的数据存储编制数据字典，将整理后的数据存储描述填入表2-11-6中。

表 2-11-6　数据存储字典

数据存储编号	名称	数据结构组成内容
例：C-01	库存信息表	商品编号+商品名称+库存数量+商品单价+供应商编号+供应商名称

（3）根据本团队的详细调查，对该企业业务中的数据功能编制数据字典，将整理后的数据功能描述填入表2-11-7中。

表 2-11-7　数据功能字典

数据功能编号	名称	输入	加工过程说明	输出
例：P1.1	销售处理	顾客订单	根据顾客订单，核算顾客所购货物的账款，编制应收货款账单	应收货款账单

（4）根据本团队的详细调查，对该企业业务中的外部实体编制数据字典，将整理后的外部实体描述填入表2-11-8中。

表 2-11-8　外部实体字典

外部实体编号	名称	输入流	输出流	数据结构组成内容
例：S1	顾客	订单	收款收据	商品编号+商品名称+数量+销售单价+供应商编号+供应商名称+总价

5．汇总和评价

对工作过程中的各种资料、工作文件进行整理，并对企业组织结构和管理功能进行评价，将结果填入表2-11-9中。

表 2-11-9　汇总与评价表

汇总整理		
资料、文件名称	具体名称	请用“√”和“◊”标明是否收集并归档
需求整理形成的资料		
图片绘制的参考资料		
业务流程图		
数据流程图		
数据字典文档		

续表

评价	
评价维度	评价结论
调研团队的分工配合程度	
信息收集的完整性	
信息收集的具体性	
业务流程图的完整性	
数据流程图的完整性	
数据字典文档的可行性	
数据字典文档的完整性	
团队成员确认后签名：	

八、工作总结

请对本次工作进行总结，将最终结论填入下列横线处。

（1）你认为本次工作任务中决定任务成败的关键环节有哪些？

（2）通过对本次工作任务进行回顾，你学到了哪些知识和技能？

（3）通过对本次工作任务进行回顾，你有哪些工作心得和感悟？

重难点知识

一、业务流程图与数据流程图的介绍

业务流程图（Transaction Flow Diagram，TFD）是一种描述组织业务流程的图，内容主要包括组织系统内各部门、人员之间的业务关系、作业顺序和管理信息流向，重点强调了业务过程中每一项处理活动和具体业务部门的关系。

数据流程图（Data Flow Diagram，DFD）是一种表示信息流程和变换过程的图解工具，把系统看成是由数据流联系的各种功能的组合，是一种脱离物理条件限制的系统逻辑模型，它能综合地反映出信息在系统中的流动、处理和存储情况。

二、业务流程图与数据流程图图例说明

1．业务流程图图例说明

有关业务流程图绘制过程中需要注意的图例如表2-11-10所示。

表 2-11-10　业务流程图图例表

图例	说明
	业务处理部门或个人
	业务处理描述
	业务传递
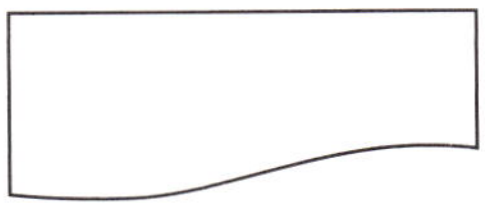	业务执行后生成的数据内容
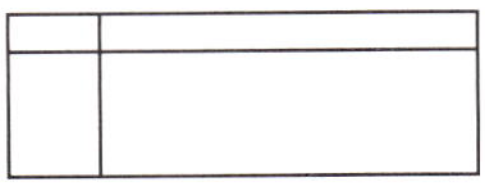	业务数据存储

2．数据流程图图例说明

有关数据流程图绘制过程中需要注意的图例如表2-11-11所示。

表 2-11-11　数据流程图图例表

图例	说明
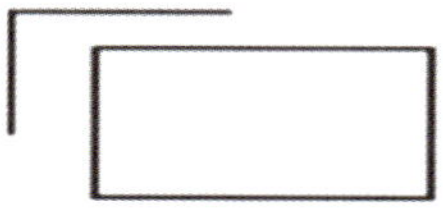	外部实体
	处理/加工过程
	数据流
	数据存储

数据流程图绘制过程中需要注意的附加符号图例如表2-11-12所示。

表 2-11-12　数据流程图附加符号图例表

图例	说明
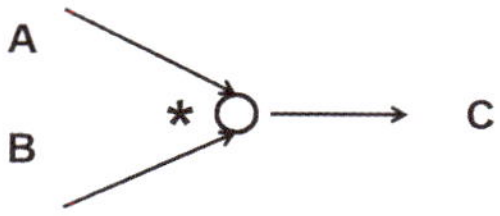	数据A和数据B同时输入才能变换成数据C
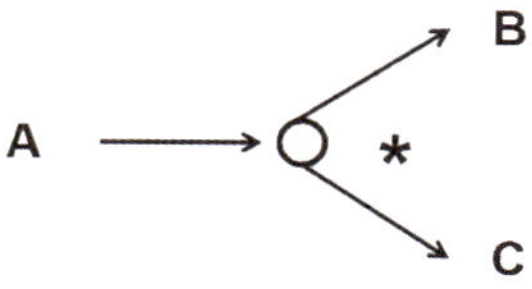	数据A变换后产生数据B和数据C
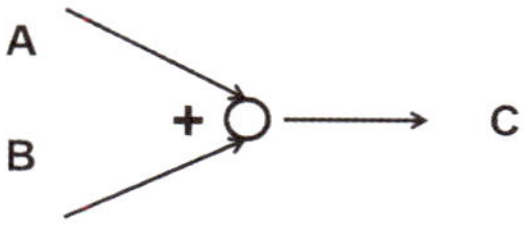	数据A或数据B，或数据A和数据B输入后变成数据C

续表

图例	说明
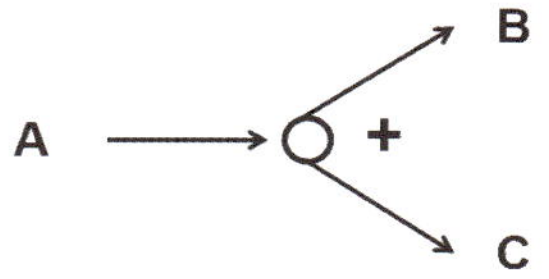	数据A变成数据B或数据C
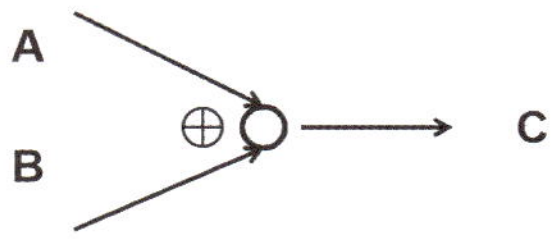	数据A或数据B（不能同时输入）输入后变成数据C
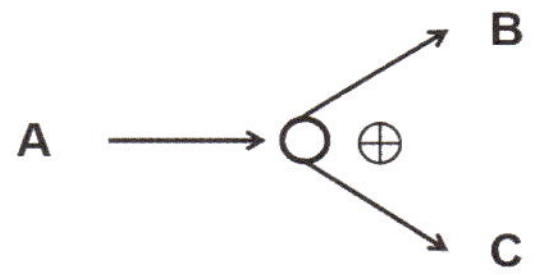	数据A变成数据B或数据C（不能同时既变成数据B又变成数据C）

* 表示数据流间是同时存在的关系，即“与”关系
\+ 表示数据流间是“或”关系
⊕ 表示数据流间是互斥关系

三、数据流程图的画法

数据流程图是分解复杂信息系统的一个基本手段，通过它能让用户明确系统中数据流动和处理的情况，也就是描述系统的基本逻辑功能。对于一个系统来说，数据流程图的表示方法不是唯一的，一般采用分层次地描述系统的方法，顶层数据流程图描述系统的总体概貌，表明系统的关键功能，每个关键功能分别用数据流程图适当地详细展开描述。画图步骤如下。

1．画顶层数据流程图

列出系统的全部数据源和数据终点，将系统处理过程作为一个整体。

2．画分层数据流程图

把系统处理的过程自顶向下逐层进行分解，画出每层的数据流程图。

3．画总的数据流程图

整合顶层和分层数据流程图，根据实际情况决定总图布局，避免总图过于复杂。

在具体的绘制过程中，它的方法是“由外至内”分析问题，即先考虑外围情况，弄清楚系统的输入和输出要求，然后再深入内部进行分析处理，一般分为两步来绘制，即画系统的输入、输出和画系统的内部。

系统的输入和输出是整个信息系统较容易确定的部分，根据用户需求，先决定系

统应该完成哪些功能，输出什么类型的信息，如果需要输出这些信息，系统至少需要对哪些数据进行加工和处理。

在确定信息系统输入和输出的基础上，就可以开始考虑信息系统的内部了。首先将信息系统内部划分成几个主要操作并编号，此时暂不去考虑每个操作的内部具体情况，将这里的每个操作看成是一个加工过程，分析每个操作的任务，决定它们的输入和输出信息，再用数据流和文件将这些相关的加工过程连接起来，最后进行适当的补充。例如，在剖析某企业的财务系统记账业务时，可以具体分解为编制记账凭证、编制科目汇总表、登记银行存款和现金日记账、登记明细账、登记总账、编制报表六个主要操作，分析这六个操作的输入和输出信息后，可以整理为表2-11-13所示。

表 2-11-13　财务处理系统的主要加工条目

加工过程名称	输入	输出
编制记账凭证	原始凭证	记账凭证
编制科目汇总表	记账凭证	科目汇总表
登记银行存款和现金日记账	收付款凭证	银行存款和现金日记账
登记明细账	原始凭证、记账凭证	明细账
登记总账	科目汇总表	总账
编制报表	总账和明细账	各种报表

接着，用适当的数据流与文件将上述六个加工过程连接起来，完成某企业财务系统记账业务的数据流程图绘制。

四、业务流程图绘制时的注意事项

绘制业务流程图过程中要注意以下几个问题。

（1）图符的内容应该为名词，不能是动词或者动宾结构。

（2）箭头号上不要有文字标识，避免和数据流程图混淆，并注意识别箭头的方向。

（3）注意区别系统内外部实体。

（4）尽量不要出现交叉线。

五、数据流程图绘制时的注意事项

不管是绘制基本的数据流程图还是复杂的数据流程图，都需要注意以下几个问题。

（1）图中处理数量适宜。数据流程图可分为顶层数据流程图和多张细化的数据流程分图，为了保证数据流程图的辨识和理解度，一张数据流程图中包含的处理不多于9个，因此对于复杂的数据流程，应该分层绘制，把复杂的功能分解为子功能进行细化。

（2）合理命名，准确编号。数据流程图中的每一个数据流、加工过程、数据存储的名字应该能表达其含义，给人以直观的印象。对加工过程命名至少要有一个动词，最好是由动宾结构组成，既能反映加工过程的内容，又能反映加工过程的对象。另外，还要对加工过程进行编号。

（3）保持数据守恒。数据守恒是指加工过程的输入、输出数据流是否匹配，即每一个加工过程既有输入数据流又有输出数据流，一个加工过程必须至少有一个输入数据流和一个输出数据流。

（4）数据流至少有一端连接着加工过程。数据流不能从外部实体直接传送到数据存储，也不能从数据存储直接传送到外部实体。

（5）在数据流程图父图中，每个数据存储必须既有流入的数据流，又有流出的数据流。但是在某张子图中，可能只有流入的数据流没有流出的数据流，或者只有流出的数据流没有流入的数据流。

六、数据字典

数据字典是实体—联系图和数据流程图中出现的所有数据对象、属性、联系、状态、数据流、文件、处理等元素的定义的集合。一般来说，数据字典由数据元素、数据流、数据存储和数据处理4个条目组成。

1．数据字典内容

数据元素是数据最小的组成单位，包含：名称、编号、别名取值范围和含义、长度和定义、简单描述。

数据流主要包括数据流的来源、去向、组成数据流的数据项以及数据流的流通量。

数据存储描述数据文件的结构及数据文件中记录的存放规则。在一段时间内相对不变的数据称为静态数据，经常改变的称为动态数据，静态数据和动态数据不要存放在一个数据库文件内。

数据处理可以描述数据处理的逻辑功能及其算法，如计算公式、简单的处理描述等。

2．数据字典使用符号

数据字典中采用不同的符号表示系统中使用数据项的情况及数据项之间的相互关系，具体如表2-11-14所示。

表 2-11-14　数据字典使用符号

符号	说明	举例
=	“等价于”或“定义为”	成绩单=学号+姓名
+	连接两个数据元素	学号=班级+序号
[ ]，|	或［ ］中使用|分隔，表示可任选其中某一项	存款期限=［活期|半年|2年］
{ }	重复	成绩单=学号+1{课程名+成绩}3，表示有3门课程的成绩，重复3次
( )	可选	余额=限额–总额（值小于0时，则取0）

知识链接

请扫码查看学习资料

第五部分

系统设计与编写系统程序

对学习者的意义

系统设计是将抽象的系统分析进一步具体化，是新系统的物理设计，即根据系统分析中的逻辑脉络设计新物理模型的过程，它包括系统物理配置、环境配置、代码设计、文件设计等。

信息系统的开发好比建设一栋大楼，系统分析、系统设计都是建楼前的蓝图，系统实施是根据蓝图的具体行动，即开发新的系统，实现新的功能。系统实施的重点是程序设计，编程是一项复杂的、细致的任务。在程序员中流传一句话“编程不难调试难”，可见，一般要对程序进行反复的修改才能达到预期的效果。

学习活动十二

系统设计

一、情境描述

根据珍岛信息技术股份有限公司信息部前一段系统分析的结果，在已经获得批准的系统分析报告的基础上，可以开始进行新系统的设计。系统设计的主要目的就是为下一阶段的系统实现（如编程、调试、试运行等）制定蓝图，包括总体设计和具体的物理设计两个方面。

根据上一阶段系统分析所确定的新系统的逻辑模型，综合考虑各种约束后，进行各种具体设计，提出一个能在计算机上实现的新系统的实施方案，解决“系统怎样做”的问题。

请你在回顾系统设计相关知识点的基础上，完成相关学习任务。

二、工作目标

1. 完成管理信息系统的总体设计
2. 完成管理信息系统的详细设计
3. 完成系统设计文档的编制

三、能力目标

1. 统筹实施系统建设的能力
2. 理论联系实际的知识迁移能力
3. 动手解决问题的能力

四、素质目标

1. 发挥团队主义精神，形成工作合力
2. 形成大局意识，从宏观上制订计划
3. 培养严谨的逻辑思维能力
4. 养成不惧困难，迎难而上的问题攻关意识

五、工作步骤

工作步骤及要求如表2-12-1所示。

表 2-12-1 工作步骤及要求

序号	工作步骤	要求	备注
1	工作准备	已经完成了企业的实地调研，确定了企业的组织结构和业务流程，根据企业的业务流程，确定了对应业务流程的数据流程图	
2	工作实施	需要撰写一个文档 撰写系统设计文档。文档中包括系统的总体设计和详细设计两部分，其中总体设计涵盖：新系统的计算机硬件结构和系统软件结构、新系统的数据处理流程和数据类、新系统的应用软件结构、新系统的数据库和编码设计；详细设计涵盖：功能模块的处理过程、功能模块的输入、输出设计	
3	工作结束	整理过程文档等工作文件；对学习活动效果进行评价	

六、工作要求

（1）组建工作团队，进行任务分工，建议4～6人。

（2）在考虑新系统的计算机硬件结构设计时，注意计算机系统和计算模式的选择，该举措决定了整个系统的成本，也决定了整个系统的性能指标。

（3）新系统软件结构的设计主要考虑操作系统、数据库管理系统、应用服务器系统、开发工具软件。

（4）系统设计各阶段包含必要的图形和文档说明，如拓扑图、业务流程图、数据流程图、E-R图、数据字典。

七、工作成果

1. 对本次工作任务分工进行记录

对本次工作任务分工进行记录，将结果填入表2-12-2中。

表 2-12-2 工作任务分工

工作人员姓名	工作环节	绩效要求	所需工具
如：张良	调研企业物理硬件布局情况	完整、清晰地记录企业的物理硬件布局情况，并画出职能部门分布图	录音笔、录音软件、笔记本、签字笔等

续表

工作人员姓名	工作环节	绩效要求	所需工具

2. 新系统的硬件、软件配置的设计

（1）结合实地调研情况，该企业新建设的管理信息系统准备采用______系统处理方式。具体情况概括如下。

（2）系统硬件的配置方式可以整理如下。

（3）结合上述硬件结构的设计，本团队对硬件结构设计中涉及的______台计算机，选择对应的操作系统方案为：

数据库管理系统的选择方案为：

应用服务器系统及开发工具选择方案为：

3. 数据处理流程及数据类的设计

（1）结合本团队实地调研情况，对企业现有的______业务，具体业务数据的处理与流动过程描述进行调研分析，关键记录信息的流动、处理和存储，将整理后的数据情况填入表2-12-3中。

表 2-12-3　数据情况汇总表

所属部门	对应业务	与业务相关的其他职能部门	信息处理过程	信息处理衍生物	信息存储位置
例：采购部	制订物资采购计划	仓储部	计算物资采购计划量	合理库存量 当前库存量	物资采购计划
		技术部	审核	物资消耗定额	物资需求汇总表
		工厂	审核	物资需求计划表	物资需求汇总表

根据表2-12-3，绘制对应的数据流程图，一共分为______层，其中顶层图如下。

对顶层图的数据处理过程整理描述如下。

考虑到新系统设计时，在计算机硬件和软件的约束条件下，本团队进行了如下调整（根据实际情况填写）。

因此得到新系统的顶层数据流程图如下（根据实际情况填写）。

对新系统的顶层数据流程图的数据处理过程整理描述如下（根据实际情况填写）。

第______层数据流图如下。

对该层数据流图的数据处理过程整理描述如下。

____

____

____

（2）对上述新系统的数据流程图，整理后的数据字典如表2-12-4～表2-12-7所示，具体包括对数据项、数据存储、数据功能、外部实体的描述。

根据本团队的详细调查，对该企业业务中的数据项编制数据字典，将整理后的数据项描述填入表2-12-4所示。

表 2-12-4　数据项字典

数据项编号	名称	类型	取值长度	备注
例：A-01	订单号	字符型	12	数据项可多次出现

根据本团队的详细调查，对该企业业务中的数据存储编制数据字典，将整理后的数据存储描述填入表2-12-5中。

表 2-12-5　数据存储字典

数据存储编号	名称	数据结构组成内容
例：C-01	库存信息表	商品编号+商品名称+库存数量+商品单价+供应商编号+供应商名称

根据本团队的详细调查，对该企业业务中的数据功能编制数据字典，将整理后的

数据功能描述填入表2-12-6中。

表 2-12-6 数据功能字典

数据功能编号	名称	输入	加工过程说明	输出
例：P1.1	销售处理	顾客订单	根据顾客订单，核算顾客所购货物的账款，编制应收货款账单	应收货款账单

根据本团队的详细调查，对该企业业务中的外部实体编制数据字典，将整理后的外部实体描述填入表2-12-7中。

表 2-12-7 外部实体字典

外部实体编号	名称	输入流	输出流	数据结构组成内容
例：S1	顾客	订单	收款收据	商品编号+商品名称+数量+销售单价+供应商编号+供应商名称+总价

4．应用软件结构设计

结合上面具体的数据流程图，将它转换为系统模块结构图，因此___数据流程图可以绘制成对应的应用软件结构图如下。

5．数据库设计

（1）结合本团队对______数据流程图的分析，其中涉及数据存储的工作表单有______，对于______表单，可以绘制出的E-R图如下。

结合数据流程图和数据字典中需要规范的数据和内容，可以将___表单的表头组成内容整理如下。

（2）对于______表单中的______数据类，本团队认为需要增加数据描述______。因此，______表单的数据存储的数据元素可以整理如下。

6．编码设计

编码设计是未来系统数据规范化管理的基础，其主要工作是完成对共享数据类中的关键字段的码结构设计并形成编码库，即多个子系统都要用到的数据类。

结合数据库设计情况，对于数据类______的关系模型是：

因此，该数据类的编码结构是：

最终整理的编码方式如表2-12-8所示。

表 2-12-8　共享数据类编码表

编码对象	例：仓库1	仓库1的第1本账	五金库	五金库的第1本账
编码	例：01	01001	WJ	WJ001

7．功能模块的处理过程设计

该阶段可以采用过程描述语言（Procedure Description Language，PDL）来实现，

它是介于计算机程序设计语言和自然语言之间的一种描述性语言，利用PDL可以灵活地描述每一个功能模块的处理过程。

对于______功能模块的PDL语言描述可以整理如下。

____

____

____

8．输入输出设计

（1）输入设计。输入设计的工作是依据功能模块的具体要求给出数据输入的方式、用户界面和输入校验方式。

根据本团队调研，对于功能模块___设计出如下图所示的界面。

其中对于输入方式的说明整理如下：

____

____

____

对于输入校验方式的说明整理如下：

____

____

____

（2）输出设计。输出设计的工作是给出输出的方式和用户界面的内容，包括显示输出的屏幕格式、打印输出的格式、每个显示和打印项目的类型及长度。

根据本团队调研，对于功能模块______设计出如下图所示的界面。

对于图中的输出显示______，详细说明整理如下。

____

____

____

9．编制系统设计报告

报告内容包括系统硬件结构图及设备技术参数和报价表、系统软件结构及其报价表、系统应用软件结构图、新系统的数据流图及数据字典、数据库设计及共享编码设计结果、每一个功能模块的处理流程描述及输入和输出描述。

整合上述所有工作内容，编制一份完整的系统设计报告。

10. 任务评价

对以上工作成果和学习效果进行评价，填写在表2-12-9中。

表 2-12-9 工作成果和学习效果评价表

汇总整理		
资料、文件名称	具体名称	请用“√”和“◊”标明是否收集并归档
需求整理形成的资料		
图片绘制的参考资料		
数据流程图		
数据字典文档		
应用软件结构图		
E-R图		
数据库编码文档		
评价		
评价维度	评价结论	
调研团队的分工配合程度		
信息收集的完整性		
信息收集的具体性		
数据流程图的完整性		
数据字典文档的完整性		
应用软件结构图的完整性		
E-R图的完整性		
系统设计报告的完整和可行性		
团队成员确认后签名：		

八、工作总结

请对本次工作进行总结，将最终结论填入下列横线处。

（1）你认为本次工作任务中决定任务成败的关键环节有哪些？

（2）通过对本次工作任务进行回顾，你学到了哪些知识和技能？

（3）通过对本次工作任务进行回顾，你有哪些工作心得和感悟？

重难点知识

一、系统设计概述

系统设计又称新系统的概要设计，把总任务分解成基本需要的、具体的任务，即根据系统的逻辑功能要求，考虑实际条件，进行各种具体设计，确定系统的实施方案，解决“怎么做”的问题，它包括总体设计和详细设计两个阶段，内容如图2-12-1所示。

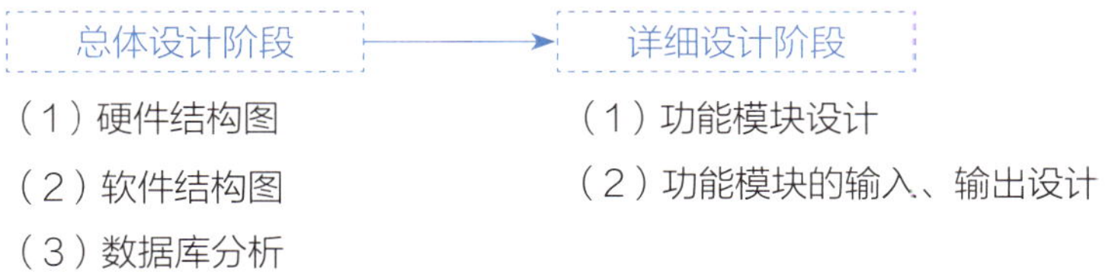

图 2-12-1　系统设计阶段内容

系统设计常用的方法是自上向下的结构化设计方法，但是局部环节上（或针对规模较小的系统）可使用原型法或面向对象法。

二、系统设计的步骤

1．硬件结构的设计

计算机硬件平台的选择在很大程度上决定了整个系统的成本，也决定了整个系统的性能指标。

一般来说，如果系统的数据处理是集中式的，则可采用单主机—多终端模式，此时可以采用小型机作为主机。

对于具有一定规模的企业管理应用，按其管理功能来看，其应用本身就是分布式的，此时所选择的计算机系统的计算模式也应该是分布式的，即客户端以微机为主，服务器可采用小型机或企业级服务器。

计算机及网络的各项技术参数的选择可依据系统要处理的数据量及数据处理的功能要求来决定。

当选定计算机系统的计算模式之后，我们就可以确定系统的网络拓扑结构，并根据系统的逻辑功能划分（如有多少子系统）确定网络的逻辑结构（子网或网段的划分），这实际上也就决定了网络的主要连接设备及服务器等重要部分的构成，此时应遵循的原则就是应尽量使信息交换量大的应用放在同一网段内。

2．软件结构的设计

系统软件的设计工作，实际上是对确定的硬件结构中的每台计算机指定相应的计算机系统软件，包括操作系统、数据库管理系统、应用服务器系统、开发工具软件等。

3．数据处理及数据类的设计

在系统分解阶段得到了现行系统所有的数据处理流程和数据字典，这里的设计工作是将这些结果针对新系统的要求进行设计改造，进而得到新系统的数据处理流程及数据字典。

4．系统结构的设计

系统结构设计是对组成系统的各个子系统的进一步分解与规划，包括确定构造子系统的模块元素，定义每个模块功能，定义模块接口，设计接口的数据结构，确定模块间的调用与返回关系，评估系统结构质量并进行优化等。

系统中任何一个处理功能都可以被看作是一个模块，一个完整的模块包括4个要素：输入和输出、处理功能、内部数据、程序代码，其中输入和输出是模块与外部环境的信息交换，模块的处理功能是指它到底可以做什么事情。模块是组成目标系统的基本单位，它是一个独立命名的程序实体，因此，一个模块应尽可能在逻辑上独立，使得模块功能完整、数据接口简单、程序易于理解和维护。

为了进一步测量和分析模块间的独立性和关联性，可以分别用两个概念来定性地衡量。评价模块内的联系程度用的是内聚这个概念，而评价模块之间的联系程度用的是耦合这个概念。

对模块的内聚性进行分类，主要可以分为7类，7类内聚方式对于模块属性的影响如图2-12-2所示。

高

块内聚合	联结形式	可修改性	可读性	模块独立性
功能聚合	好	好	好	强（功能单一）
顺序聚合	好	好	好	
数据聚合	中	中	中	
过程聚合	中	中	中	
时间聚合	不好	不好	中	
逻辑聚合	最坏	最坏	不好	
偶然聚合	最坏	最坏	最坏	弱（功能分散）

低

图 2-12-2　内聚性与模块属性影响图

内聚性是模块内部各成分（语句或语句段）之间的联系，模块内部各成分联系越紧密，其内聚性越大，模块独立性就越强，系统就越容易理解和维护，能较好地满足信息局部化原则，功能完整单一。

对模块的耦合度进行分类，主要可以分为4类，4类耦合方式对于模块属性的影响如图2-12-3所示。

低　耦合性　高　　　强　独立性　弱

块间耦合方式	可读性	错误扩散能力	可修改性
数据耦合	好	弱	好
控制耦合	中	中	中
内容耦合	差	强	不好

图 2-12-3　耦合度与模块属性影响图

耦合是影响软件系统复杂程度的一个重要因素，在系统设计环节中，如果模块间必须进行耦合，就尽量使用数据耦合，少用控制耦合，避免出现内容耦合。

模块化的特点是各个模块具有相对独立性，可以分别加以设计实现；模块之间的相互关系通过一定的方式予以说明。各模块在这些关系的约束下共同构成一个统一的整体，完成系统的功能。

目标系统的模块结构的设计是从数据流程图转换而来的，一般有两种策略：以事务为中心的设计策略（事务分析）和以变换为中心的设计策略（变换分析）。

事务分析用于把一个大的、复杂的系统分解成若干个较小的、简单的子系统。变换分析从具体的数据流程图转换成模块结构图，它将数据流程图中的处理功能分解成具有输入、变换、输出功能的简单模块。

5．数据库设计

该部分主要通过绘制现行系统的E-R图，构建系统数据库中数据的逻辑结构。

6．编码设计

编码设计工作是未来系统数据规范化管理的基础，它的主要工作是完成对共享数据类中的关键字段的码结构设计并形成编码库，其中共享数据类是指多个子系统都要用到的数据类。

7．输入输出设计

输入设计工作是依据功能模块的具体要求给出数据输入的方式、用户界面和输入校验方式。而输出设计与输入设计类似，需要给出输出的方式和用户界面内容。

知识链接

请扫码查看学习资料

学习活动十三

编程软件的安装、界面与常规操作

一、情境描述

珍岛信息技术股份有限公司计划选用一款面向对象编程工具实现程序开发，经讨论，认为Delphi操作界面很直观，语法规则相对简单，避免了C、Java那种满屏的大括号，且具有强大的数据库开发能力，非常适于快速搭建简单的MIS应用。因此，该公司决定将Delphi列为开发工具。面临的问题是：如何安装Delphi并实现Delphi的简单常规操作？

Delphi7.0是Delphi系列中最经典的版本，请你正确安装Delphi7.0，并实现打开、保存、关闭等操作。

二、工作目标

1. 安装Delphi7.0
2. 新建一个应用，实现消息弹出功能
3. 对应用进行打开、保存、关闭等操作

三、能力目标

1. 安装Delphi7.0的能力
2. 操作Delphi7.0基础界面的能力
3. 简单编程的能力

四、素质目标

1. 养成精细化思维，打造工匠精神
2. 运用先进工具实施创新的思想

五、工作步骤

工作步骤及要求如表2-13-1所示。

表 2-13-1　工作步骤及要求

序号	工作步骤	要求	备注
1	工作准备	获得Delphi7.0安装包，安装Windows系统	
2	工作实施	包括一个程序，分为两个场景 场景一：编写代码，在窗口打开时输出一条消息 场景二：点击“确定”按钮输出一条消息；点击“退出”按钮退出程序	
3	工作结束	打开、保存、关闭程序	适时保存尤其重要

六、工作要求

（1）组建工作团队，进行交叉学习，互相讨论，建议4～6人。

（2）确保团队中每位同学安装了Delphi7.0。

（3）编程过程中要认真细致，尤其注意输入法下的标点符号是否符合规范。

（4）养成多次保存程序的习惯。

七、工作成果

1．安装并打开Delphi

打开Delphi后对主界面进行截图，将图片打印、粘贴到以下位置。

2．熟悉Delphi的主界面

将主界面中的各部分功能填入表2-13-2中。

表 2-13-2　Delphi 主界面中各部分的功能

部分	功能描述
菜单栏	
组件面板	
工具栏	
对象树	

续表

部分	功能描述
对象监视器	
属性面板	
事件面板	

3．程序设计过程

对主界面熟悉之后，开始编写第一个小程序，要求完成以下功能：第一，在窗体生成时，自动弹出一条消息；第二，在窗体上设置“确定”按钮，点击该按钮可弹出一条消息；第三，在窗体上设置“退出”按钮，点击该按钮关闭程序。根据教学视频，模仿编程步骤，填写以下内容。

（1）本团队实现“在窗体生成时，自动弹出一条消息”的步骤是：

（2）本团队实现“在窗体上设置确定按钮，点击该按钮可弹出一条消息”的步骤是：

（3）本团队实现“在窗体上设置退出按钮，点击该按钮关闭程序”的步骤是：

（4）在以上步骤中，用到了哪些关键的函数：

（5）本团队的心得和体会如下：

4. 打开、保存、关闭程序

（1）本团队编程中使用的Windows版本是______，打开Delphi的步骤是：

（2）本团队编程中点击______按钮，将______文件进行了保存，本团队认为，在以下情况下要适时保存程序。

（3）本团队对主窗体的关闭方法是：

5. 程序评价

对自己开发的一个Delphi程序的运行效果实施评价，将结果填入表2-13-3中。

表 2-13-3　程序评价表

评价	
评价维度	评价结论
程序是否顺利运行	
程序完成任务要求的情况	
程序文件保存情况	
打开程序的步骤是否熟悉	

八、工作总结

请对本次工作进行总结，将最终结论填入下列横线处。

（1）你认为本次工作任务中决定任务成败的关键环节有哪些？

（2）通过对本次工作任务进行回顾，你学到了哪些知识和技能？

（3）通过对本次工作任务进行回顾，你有哪些工作心得和感悟？

重难点知识

一、Delphi介绍

Delphi最早的版本由美国Borland（宝兰）公司于1995年开发，核心是由传统Pascal语言发展而来的Object Pascal，以图形用户界面为开发环境，配合联结数据库的功能，构成一个以面向对象程序设计为中心的应用程序开发工具。由于Delphi几乎是市场上唯一的Pascal语言产品，因此有的时候Delphi也成为人们称呼Object Pascal的代名词。

“真正的程序员用C++，聪明的程序员用Delphi”，这句话是对Delphi最经典的描述。Delphi具有简单、高效、功能强大的特点：和VC相比，Delphi更简单、更易于掌握，而在功能上却丝毫不逊色；和VB相比，Delphi功能更强大、更实用，可以说Delphi同时兼备了VC功能强大和VB简单易学的特点。

二、安装Delphi

Delphi的安装要注意以下几点：第一，确保拥有合法的密钥（CD Key）；第二，尽量安装在系统盘；第三，安装步骤中要按照提示选择相应的选项，注意安装的完整性，不要漏装、少装；第四，安装后可在“开始”按钮中打开，如果是Windows10用户，右键点击程序图标，然后选择“更多—以管理员身份运行”。

三、熟悉Delphi的主界面

Delphi主界面包括菜单栏、组件面板、工具栏、对象树、对象监视器等。每个部分有不同的功能，其中对象监视器包括Properties属性面板和Events事件面板，如图2-13-1所示。

图 2-13-1　Delphi 主界面

四、消息弹出程序设计步骤

第一步，选中窗体Form1对象，在左边的对象监视器中找到Events事件面板，选择“OnCreate”，双击进入代码单元。

第二步，在代码单元中使用ShowMessage函数，写入一条消息。

第三步，在窗体中新建“确定”按钮，双击该按钮进入代码单元，使用ShowMessage函数，写入一条消息。

第四步，在窗体中新建“退出”按钮，双击该按钮进入代码单元，写入“关闭”代码。

第五步，保存程序。

以上步骤和源代码具体可参考学习资料。

知识链接
请扫码查看学习资料

知识链接
请扫码查看学习资料

学习活动十四

运用赋值、条件、循环语句完成计算

一、情境描述

在Delphi中有三种基本语句，分别是赋值语句、条件语句和循环语句。可以说，掌握了这三种语句就掌握了基础的编程操作。珍岛信息技术股份有限公司信息部刘经理计划针对系统开发人员进行Delphi操作培训，培训的初始阶段是了解和熟悉以上三种语句并回答以下几个问题：如何运用赋值语句进行赋值，如何运用条件语句进行判定输出，如何运用循环语句完成复杂计算。

你作为培训对象，请认真学习并掌握赋值语句、条件语句和循环语句，熟悉“=”“If”“For”“While”等关键字的规则和用法，并用它们完成相关操作。

二、工作目标

1. 熟练运用赋值语句，掌握赋值语句语法格式和规则，掌握关键字“: =”

2. 熟练运用条件语句，掌握条件语句语法格式和规则，掌握关键字“If、Then、Else”

3. 熟练运用循环语句，掌握循环语句语法格式和规则，掌握关键字“For、Do、While”

三、能力目标

1. 运用标签组件完成标签的显示和赋值
2. 运用编辑框实现数据的输入和输出，并自动计算
3. 运用If语句实现条件判定下的输出
4. 运用For语句和While语句实现复杂计算

四、素质目标

1. 养成严密的逻辑思考能力
2. 养成不惧困难、迎难而上的问题攻关意识

五、工作步骤

工作步骤及要求如表2-14-1所示。

表 2-14-1　工作步骤及要求

序号	工作步骤	要求	备注
1	工作准备	确保正确安装Delphi；已经熟悉了Delphi主界面的构成；已了解窗体组件、标签组件、编辑框组件、按钮组件、面板组件的基本用法	相关组件的用法可以参考帮助文档
2	工作实施	包括四个程序： 程序一：用代码控制标签的显示程序。用代码控制标签的显示 程序二：用编辑框实现数值计算。用编辑框实现数值的输入，自动进行加法和乘法运算（减法和除法类似）后用编辑框输出 程序三：用If语句判定计算结果并输出信息。用If语句对计算结果进行判定，结合标签输出信息 程序四：用For语句和While语句实现复杂的数值计算。能运用两种循环语句实现数值计算，同时用编辑框实现输入和输出	注意各种语句的规则和格式
3	工作结束	输出结果，保存程序，截图作为任务佐证	

六、工作要求

（1）组建工作团队，进行交叉学习，互相讨论，建议4～6人。

（2）确保团队中每位同学了解窗体组件、标签组件、编辑框组件、按钮组件、面板组件的常用属性和方法。

（3）注意各种语句的语法格式和规则，尤其是正确输入法下的标点标识。

（4）注意变量定义的类型，熟悉整型、实型、字符型数据的定义方式。

（5）注意程序语言的连贯性、逻辑性、流畅性、可读性和一体性，编程时适当用中文进行注释，方法是在需要注释的代码行后加“//标注内容”或{注释}。

（6）保持正确的心态，程序出现错误是正常的，任何编程者都不能保证一步到位，关键在于能否辨识错误，并按照规则纠正错误。

七、工作成果

1．对相关组件的属性和方法进行的操作

本次任务中你对相关组件的属性和方法进行了哪些操作，请将操作内容详细填入表2-14-2中，注意区别各组件的属性与方法，不同类别组件以及相同类别的多个组件的属性或方法都需要填写，如果没有对某类组件的属性和方法进行操作则填无。

表 2-14-2　所用组件的属性和方法

组件名称	属性	方法
窗体组件		
标签组件		
编辑框组件		
按钮组件		
面板组件		

2. 程序设计过程和程序运行效果

用代码控制标签的显示程序。该功能主要是在按钮中设置相应的代码，运用赋值语句进行操作，要求完成以下功能：在窗体上点击“确定”按钮后，用标签显示一条文字信息。

（1）本团队实现“用代码控制标签显示”功能的步骤是：

（2）本团队“用代码控制标签显示”完成效果截图、打印并粘贴如下。

用编辑框实现数值计算。在按钮中设置相应的代码，点击按钮后将完成编辑框中输入数据的自动计算，中间过程涉及赋值语句，基本计算包括加、减、乘、除，对于涉及函数的计算则可以直接在Delphi中调用函数。要求完成以下功能：在窗体上单击“加法”按钮后，实现两个编辑框数值相加并输出，在窗体上单击“乘法”按钮后，实现两个编辑框数值相乘并输出。

（3）本团队实现“用编辑框实现数值计算”功能的步骤是：

（4）本团队“用编辑框实现数值计算”完成效果截图、打印关粘贴如下。

用If语句判定计算结果并输出信息。运用If语句对编辑框中实施完整性约束（如：未填写数值则弹出提示消息），同时运用If语句对两个计算结果数值进行比较，按照数值大小输出相应的信息。要求完成以下功能：设置两个面板，布局和美化窗体，在两个面板上各自设置编辑框，并各自实现数值自动计算，然后比较两个数值，点击按钮用标签输出比较结果。

（5）本团队实现“用If语句判定计算结果并输出信息”功能的步骤是：

（6）本团队“用If语句判定计算结果并输出信息”完成效果截图、打印并粘贴如下。

用For语句和While语句实现复杂的数值计算。For语句和While语句都是循环语句，但二者的语法规则不同，操作中一定要注意区分。循环语句往往是解决复杂计算的必备工具。要求完成以下功能：针对复杂式子，运用两种方法实现自动计算，方法一为使用For语句，以及While语句实现复杂式计算结果的输出；方法二为不使用循环语句实现复杂计算结果的输出，最后将两种方法的数值输出结果进行对比，若数值相同则代表计算正确。

（7）本团队实现“用For语句和While语句实现复杂的数值计算”功能的步骤是：

（8）本团队“用For语句和While语句实现复杂的数值计算”完成效果截图、打印并粘贴如下。

（9）以上运用赋值语句、条件语句和循环语句的编程过程中，本团队操作出现的问题、困难或者障碍有以下几点（根据实际情况填写）：

3．保存程序

以上涉及四个程序（赋值语句应用、条件语句应用、For语句应用、While语句应用），需要将四个程序各自保存，作为后续的学习资料。

本团队完成相关程序后保存了以下文件：

4．程序评价

对四个Delphi程序的运行效果实施评价，将结果填入表2-14-3中。

表 2-14-3　程序评价表

评价	
评价维度	评价结论
程序是否顺利运行	
程序完成任务要求的情况	
程序执行结果是否准确	
程序文件保存情况	
打开程序的步骤是否熟悉	

八、工作总结

请对本次工作进行总结，将最终结论填入下列横线处。

（1）你认为本次工作任务中决定任务成败的关键环节有哪些？

（2）通过对本次工作任务进行回顾，你学到了哪些知识和技能？

（3）通过对本次工作任务进行回顾，你有哪些工作心得和感悟？

重难点知识

一、变量定义

Var（即Variable的简写，代表变量、可变物）在Delphi 中是一个非常重要的关键字，它的作用就是说明其后定义的是变量。常用的变量类型有三种：整型（Integer）、实型（Double）和字符型（String）。用Integer类型代表整数，如1，2，-1，-2等，Double表示实数，如1.5，9.9，-2.0等，String表示字符串，如man等。

二、语法格式

1. 赋值语句

Delphi中赋值语句的语法格式为：变量名：=表达式，或对象.属性名: =表达式。赋值语句是将赋值符号右边的内容赋给左边，而不是代表左边等于右边。如："a: = strtofloat（edit1.text）"，这个式子代表将编辑框Edit1的Text属性用StrtoFloat函数转换为实型数据，然后再将这个数据赋值给变量a。

2. 条件语句

Delphi中条件语句提供了分支选择功能，语法格式如下（其中省略了回车换行）：

第一种。If 条件 Then 程序（只能写一条执行程序语句，如果要写多条则添加Begin…End）。

第二种。If 条件 Then 程序（只能写一条执行程序语句，并且程序结尾不能加分号）Else 程序（只能写一条执行程序语句，并且程序结尾添加分号）。

第三种。If 条件 Then Begin程序 End Else Begin 程序 End。

第四种。If 条件 Then Begin程序 End Else If 条件 Then Begin 程序 End Else Begin 程序 End。

在使用条件语句时，应当注意分号的位置，一般在Else前即使为End也不应出现分号。

3. 循环语句

Delphi中的循环语句包括For语句、While语句、Do While语句等，各类循环语句基本能达到类似的循环效果，本书仅阐述前两种，语法格式如下（其中省略了回车换行）。

第一种，For语句：For 循环变量：=初值 to 终值 do Begin 程序 End。循环变量的类型为整型。开始时，令循环变量等于初值，如果循环变量小于或等于终值，则执行do后面的语句一次。在这个过程中循环变量会自动加1，直到循环变量的值大于终值则跳出循环，即最后一次循环的条件是循环变量的值等于终值。可见，For语句中实际上是用循环变量来控制循环的次数，当循环结束时，循环变量的值比循环次数多1。

第二种，While语句：While 表达式 do begin 程序 End。即先判断表达式是否为真，为真则执行循环，直到表达式为假时跳出循环。与For语句不同的是，While语句中没有循环变量，因此在多次循环中往往需要自己先定义一个循环变量，再套用赋值语句自加。如：要求执行100次循环，先定义一个循环变量并赋初值i：=1，在While语句中设置与i相关的循环次数条件，如i<101，在语句中增加i：=i+1，当i的值增加到101时跳出循环，以此来控制循环的次数。

三、程序设计步骤

1. 用代码控制标签的显示程序

第一步，在窗体上拖入标签组件Label1，设置“确定”和“退出”按钮。

第二步，将Label1自带的Caption属性清空。

第三步，双击“确定”按钮编写代码，运用赋值语句，将一条信息（可以是中文）赋值给Label1的Caption属性，运用Lable1的Font属性调整字体大小。

第四步，检查程序，注意插入标点符号必须要在拼音输入法下完成。

第五步，保存程序。程序执行效果如图2-14-1所示。

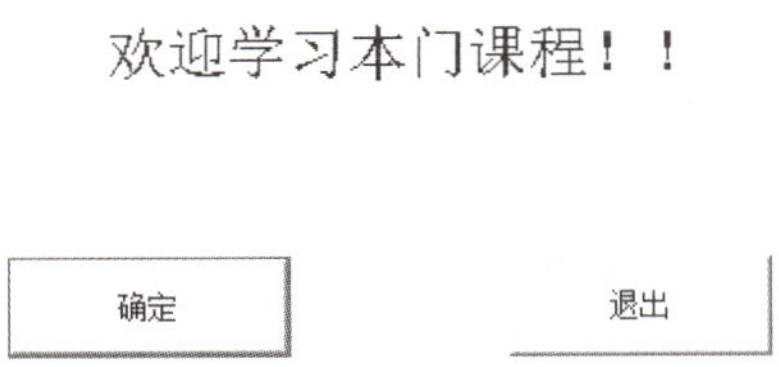

图 2-14-1　用代码控制标签的显示

2. 用编辑框实现数值计算

第一步，在窗体上拖入三个编辑框，设置“加法”“乘法”和“退出”按钮及相应标签。

第二步，用第一个和第二个编辑框来完成数值的输入，用第三个编辑框实现输出。

第三步，双击“加法”按钮编写代码，定义变量，先将编辑框的内容赋值给变量，再实现两个变量的相加，最后将相加的结果赋值给第三个编辑框输出。

第四步，按照第三步的操作流程，完成乘法功能，编程思路类似。

第五步，保存程序。程序执行效果如图2-14-2所示。

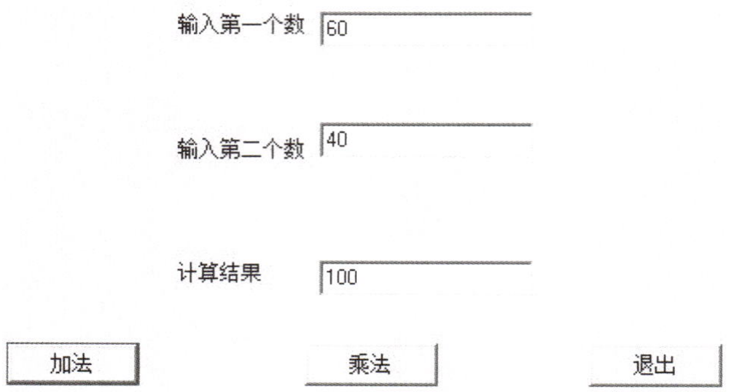

图 2-14-2　用编辑框实现数值计算

3．用If语句判定计算结果并输出信息

第一步，在窗体上设置两个面板，并参照上一个程序，设置好编辑框和按钮等组件。

第二步，设置一个标签组件，用来显示比较结果。

第三步，参照上一个程序，在两个面板的编辑框中分别显示计算结果，用If语句增加完整性约束功能。

第四步，在“比较”按钮中运用If语句编写代码比较两个计算结果的大小，最后用标签输出比较结果信息。

第五步，保存程序。程序执行效果如图2-14-3所示。

4．用For语句和While语句实现复杂的数值计算

第一步，识别复杂式子：计算$100*(a*b)^3$的值，从这个式子中可以看出有两种方法：方法一是先计算$(a*b)^3$然后用100乘以$(a*b)^3$；方法二是将$(a*b)^3$视为自加100次，

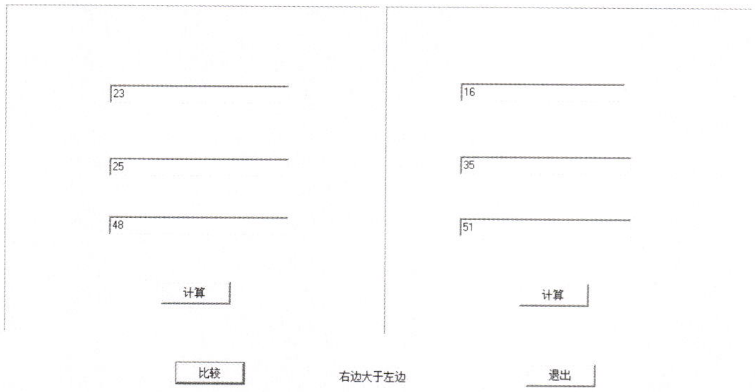

图 2-14-3　用 If 语句判定计算结果并输出信息

运用循环语句解决。

第二步，设置编辑框和标签，用编辑框输出方法二循环语句计算的结果，用标签输出方法一计算的结果。

第三步，在For语句方法中，定义a、b、c、j四个变量，将j作为循环变量，定义为整型，其他为实型变量，a和b分别用来装载输入编辑框的值，c作为累加器，初值为0。

在For语句中写入：c: =c+(a*b)*(a*b)*(a*b)，循环100次后将得到计算结果。While语句的算法类似，在此省略。

第四步，比较标签输出结果与编辑框输出结果，如果两种方法计算结果相同，则代表循环语句代码正确。

第五步，用ShowMessage输出循环变量跳出循环后的值。

第六步，保存程序。程序执行效果如图2-14-4所示。

以上步骤和源代码具体可参考学习资料。

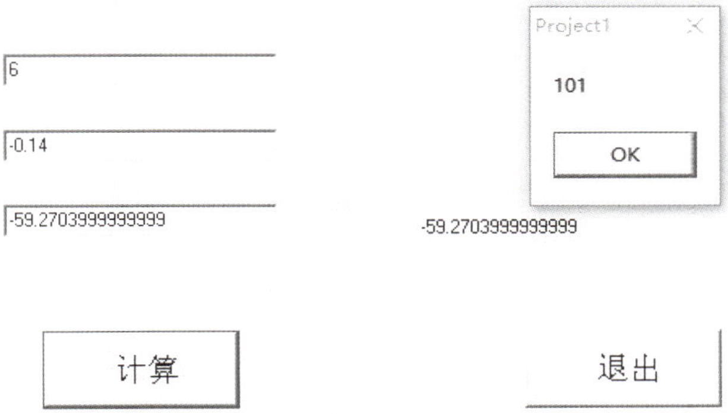

图 2-14-4　用 For 语句和 While 语句实现复杂的数值计算

知识链接
请扫码查看学习资料

知识链接
请扫码查看学习资料

知识链接
请扫码查看学习资料

知识链接
请扫码查看学习资料

知识链接
请扫码查看学习资料

学习活动十五

运用嵌套语句与双重循环语句完成计算

一、情境描述

珍岛信息技术股份有限公司在初始培训中主要针对赋值语句、条件语句和循环语句进行了演练，接下来需要对三种典型语句的运用能力实施提升，这涉及不同语句或相同语句之间的组合。其中，赋值语句是广泛存在的，Delphi中较为典型的是条件语句与循环语句的嵌套，以及双重循环语句，以上两种均能解决特定的复杂问题，是后续学习的基础。那么，条件语句与循环语句应当如何嵌套？双重循环语句所依托的内部计算逻辑是什么？这是学习者必须考虑的内容。

你作为培训对象，请认真学习并掌握条件语句与循环语句嵌套、双重循环语句的运行规则，重点要关注其内部逻辑和计算步骤。

二、工作目标

1．思考并掌握条件语句与循环语句的嵌套方法，熟悉其内部逻辑和运算步骤

2．思考并掌握双重循环语句，熟悉其内部逻辑和运算步骤

3．根据实际情况，灵活运用赋值语句、条件语句、循环语句三者的组合

三、能力目标

1．掌握三种典型语句间组合的语法规则和嵌套规则

2．能分析嵌套语句与双重循环语句的内部运行步骤，总结其逻辑脉络

3．运用语句组合实现较复杂的计算

4．能正确识别不同场景，选择语句组合解决场景问题

四、素质目标

1．养成科学的学习方法，即从总结到提炼，再到灵活运用

2．形成细致入微、把握细节的探索精神

五、工作步骤

工作步骤及要求如表2-15-1所示。

表 2-15-1　工作步骤及要求

序号	工作步骤	要求	备注
1	工作准备	已经熟悉了赋值语句、条件语句、循环语句的语法格式，并进行了实际运用	
2	工作实施	包括两个程序： 程序一：If语句与For语句嵌套。将If语句与Fcr语句嵌套，通过对变量进行动态赋值，观察每一步的输出结果，并对输出内容进行约束 程序二：双重循环语句。根据特定的复杂式，运用双重循环语句实现自动计算，同时分析每次循环后的输出结果	
3	工作结束	保存程序，截图作为任务佐证；用文档记录计算流程与相应的程序输出结果	

六、工作要求

（1）组建工作团队，进行交叉学习，互相讨论，建议4～6人。

（2）先熟悉上一个学习活动中赋值语句、条件语句、循环语句的语法格式和规则。

（3）语句组合具有一定的复杂性，编程过程中应当仔细琢磨每一个计算步骤，忌浮躁。

（4）运行程序出错是常见的现象，在纠错过程中需注意三个问题：一是程序逻辑是否畅通；二是标点符号是否正确；三是代码中各关键词、变量、函数是否输入有误。

（5）对于复杂循环语句，建议初学者先将计算流程记录在文档上，然后与程序输出结果进行比较。

七、工作成果

1. 填写程序计算结果

完成“If语句与For语句嵌套”“双重循环语句”两个程序。

程序一：有式子a/b，请输出a/b的值。a的初值为0，b的初值为5，a每次加1，直到a值为5，b每次减1，直到b值为0，当b值为0时，请输出消息提醒。

程序二：运用双重循环语句，编程求下式的值：$\sum_{m=1}^{3}\sum_{n=1}^{3}(m+n)$。

针对以上两个程序，将每次变量赋值（可视为一个新的步骤）后的程序计算结果填于表2-15-2中。

表 2-15-2　每一步的程序计算结果

程序一			
步骤	a的值	b的值	整体值
1			
2			
3			
4			
5			
6			
程序二			
步骤	m的值	n的值	整体值
1			
2			
3			
4			
5			
6			
7			
8			
9			

2．程序设计过程和程序运行效果

If语句与For语句嵌套。在If语句中设置相关条件，区分分母不为0和分母为0两种情况。具体为：当窗体生成时，在Memo组件中显示题目内容，点击“开始”按钮，每点击一次消息则输出一次计算结果，直到最后分母为0时输出一条分母为0消息进行提醒。

（1）本团队实现“If语句与For语句嵌套”程序的步骤是：

（2）本团队“If语句与For语句嵌套”完成效果截图、打印并粘贴如下（仅对最后结果截图）。

双重循环语句。定义变量m、n、a（变量名可以是任何字母），用定义的m、n

表示式中的m和n，用a表示整体计算值，通过双重for语句完成计算。当m为1，n为3时，整体计算值为______，当m为2，n为3时，整体计算值为______，当m为3，n为3时，整体计算值为______。

（3）本团队实现“双重循环语句”程序的步骤是：

（4）本团队“双重循环语句”完成效果截图、打印并粘贴如下。

（5）条件语句与循环语句嵌套、双重循环语句的编程过程中，本团队操作出现的问题、困难或者障碍有以下几点（根据实际情况填写）：

3. 保存程序

以上涉及两个程序，需要将两个程序各自保存，以作为后续的学习资料，同时对计算过程文档进行保存。

本团队完成相关程序后保存了以下文件：

4. 程序评价

对两个Delphi程序的运行效果实施评价，将结果填入表2-15-3中。

表 2-15-3 程序评价表

评价	
评价维度	评价结论
程序是否顺利运行	
程序完成任务要求的情况	
程序执行结果是否准确	
程序文件保存情况	

续表

评价	
评价维度	评价结论
计算流程文档保存情况	
打开程序的步骤是否熟悉	

八、工作总结

请对本次工作进行总结，将最终结论填入下列横线处。

（1）你认为本次工作任务中决定任务成败的关键环节有哪些？

____

____

____

（2）通过对本次工作任务进行回顾，你学到了哪些知识和技能？

____

____

____

（3）通过对本次工作任务进行回顾，你有哪些工作心得和感悟？

____

____

____

重难点知识

一、条件语句与循环语句的嵌套法则

条件语句与循环语句的嵌套关系并非一定是由条件语句包含循环语句，或者循环语句包含条件语句，而是根据需求灵活运用不同的组合。在本例中是循环语句母体中嵌入了条件语句，原因是我们希望在每次循环的前提下用If语句进行判定，如果判定有效则在每次循环开始时用ShowMessage函数输出一次结果。

二、双重循环语句的计算法则

相比于单个循环语句，多重循环语句更为复杂，其基本法则是“由外到内”赋值，再“由内到外”输出。双重循环语句可以解决二维平面矩阵的计算问题，而三重循环语句则可以解决三维长方体计算问题，重数越多则计算步骤越多，问题越复杂。多重循环语句中最常见的是双重循环语句，其语法格式是（以下省略回车换行）：For 循环变量1初值 to 循环变量1终值 do Begin For 循环变量2初值 to 循环变量2 终值 do Begin 程序End End。掌握双重循环语句的运行步骤可以解决大量的复杂公式计算问题，但初学者容易陷入混乱，解决的办法是准备一个文档，记录计算流程，然后再进行整体观察。如本例中求 $\sum_{m=1}^{3}\sum_{n=1}^{3}(m+n)$ 的值，可以在文档中做以下记录：当m为1时：A=(1+1)+(1+2)+(1+3)；当m为2时：B=(2+1)+(2+2)+(2+3)；当m为3时：C=(3+1)+(3+2)+(3+3)；最后计算A+B+C。

三、程序设计步骤

1．条件语句与循环语句的嵌套

第一步，在窗体上拖入备忘录组件Memo1，设置“确定”和“退出”按钮。

第二步，点击窗体，在窗体生成事件中将题目信息赋值于Memo1的Text属性，并将Memo1的Font.Size改为15，即字体大小为15。

第三步，设置a、b、i三个变量，其中i必须为整型变量以作为循环变量，循环次数为6次，a的初值为0，b的初值为5。

第四步，在For语句中嵌入If语句，当b不为0时用消息输出a/b的值，同时a加1，b减1，当b为0时，用消息输出“分母为0啦！”作为约束。

第五步，保存程序。程序执行效果如图2-15-1所示。

2．双重循环语句

第一步，在窗体上拖入一个标签组件Label1和两个按钮。

第二步，设置Label1的Font.Size改为15，即字体大小为15。

第三步，设置m、n、a三个实型变量，其中a为累加器，将累加器的初值赋为0。

第四步，循环体中的核心语句是a：=a+n+m，循环完成后，将a的值由标签输出，将m和n的值由消息输出。

第五步，保存程序。程序执行效果如图2-15-2所示。

以上步骤和源代码具体可参考学习资料。

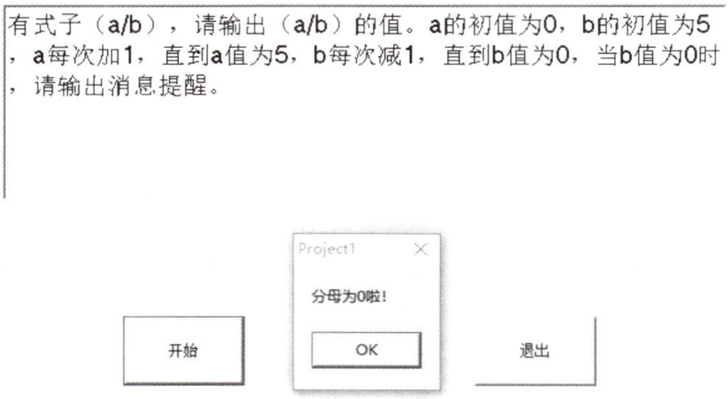

图 2-15-1　条件语句与循环语句的嵌套

图 2-15-2　双重循环语句

知识链接
请扫码查看学习资料

知识链接
请扫码查看学习资料

学习活动十六

运用代码操控数据库表中的数据

一、情境描述

在掌握了Delphi典型语句的编程技能之后，接下来需要学习如何运用代码对数据库表中的数据进行控制，以完成数据显示、存储、修改、查询等功能。珍岛信息技术股份有限公司决定采用Access关系数据库管理系统，Access是单机数据库，它的优点首先是易学，即使是非计算机专业的人员也能学会。其次是Access的成本很低，能满足简洁系统的开发需要。在Delphi众多的优势当中，它在数据库方面的特长非常明显，尤其用ADO访问数据库的效率和速度十分突出，那么，如何运用ADO实现数据库表连接？如何运用DB数据感知控件管理表中数据？如何运用常规组件管理表中数据呢？

请认真学习ADOTable组件、DataSource组件、DB数据感知控件以及相关代码技巧，掌握连接数据库和管理数据的方法。

二、工作目标

1．掌握Delphi中连接数据库的方法，掌握多窗体控制方法

2．掌握运用DB感知控件管理数据库表的编程方法

3．掌握运用Edit等常规组件管理数据库表的编程方法

三、能力目标

1．运用ADO控件、DataSource数据源控件连接数据库的能力

2．运用DB感知控件管理和控制数据的能力

3．运用普通组件管理和控制数据的能力

4．对Access电子信息表（包括记录、字段值）进行管理的能力，通过各类组件实现数据的显示、查询、浏览、修改、增加和删除

四、素质目标

1．了解数据的价值和数据管理的价值，了解数据在当今生产活动中扮演的角色，养成面向数据的科学思维方式

2．养成数据的信息化管理思维，将提高工作效率作为目标

五、工作步骤

工作步骤及要求如表2-16-1所示。

表 2-16-1 工作步骤及要求

序号	工作步骤	要求	备注
1	工作准备	确保安装了Access数据库管理系统；已熟悉了Delphi中的典型组件、典型语句、组合语句以及Access数据库管理系统相关操作	Access可以是任何版本，但注意观察数据库文件的后缀是“.mdb”还是“.accdb”
2	工作实施	包括三个应用： 应用一，连接数据库：运用ADOTable和数据源连接Access数据库管理软件，用DBGrid显示数据表，用DBNavigator（DB导航条）控制数据。建立两个窗体，每个窗体显示不同的数据库表，其中一个窗体的显示由另一个窗体上的按钮进行控制 应用二，运用数据感知控件进行数据管理：连接数据库后，运用DBGrid显示数据表，用GroupBox装载DBNavigator、按钮、DBEdit等其他控件。用DBNavigator控制数据的同时，学会用DBEdit显示、修改每条记录的数据，并在按钮中编程对操作进行管理 应用三，运用普通控件进行数据管理：连接数据库后，运用DBGrid显示数据表，用Edit框显示每条记录的数据，在按钮中编写代码对操作和数据进行管理	
3	工作结束	保存程序，截图作为任务佐证	数据库文件一旦确定存储位置则不可轻易变动，如果变动便要重新连接数据库

六、工作要求

（1）组建工作团队，进行交叉学习，互相讨论，建议4～6人。

（2）安装Access，在Access中建立数据库文件，其中包含A、B两张表，数据库

文件名和表名可以任意设置。

（3）应用一的连接数据库是控制数据的前提。连接数据库的操作要求比较严格，包括许多必选项目，如选择数据链接属性、选择表名等，该步骤须十分谨慎。

（4）应用二中的DBEdit注意要正确选择该控件对应的DataField属性中的字段名称，这是非常容易忽略的点。

（5）应用三的技术含量最高，代码相对复杂，但也有很多重复代码，因此可以举一反三。

需要熟记Locate、FieldValues等几个重要函数的功能和作用。

七、工作成果

1．建立数据库表

在Access中创建新的数据库文件，同时建立A和B两张数据库表，请将数据库文件及两张数据库表的相关内容填入表2-16-2，主要目的是回顾前面关于Access数据库管理系统的基本操作内容。

表 2-16-2 创建数据库文件和数据库表

<table>
<tr><th colspan="5">数据库文件</th></tr>
<tr><td>数据库文件的名称、创建过程</td><td colspan="4"></td></tr>
<tr><th colspan="5">数据库表</th></tr>
<tr><td rowspan="2">数据库表A</td><td>表名</td><td>字段名称</td><td>字段值</td><td>记录条数</td></tr>
<tr><td></td><td></td><td></td><td></td></tr>
<tr><td rowspan="2">数据库表B</td><td>表名</td><td>字段名称</td><td>字段值</td><td>记录条数</td></tr>
<tr><td></td><td></td><td></td><td></td></tr>
</table>

2．程序设计过程和程序运行效果

连接数据库。打开程序后，程序自动连接数据库，在DBGrid网格组件中显示出表A的内容，结合DBNavigator实现记录浏览，包括：上一条记录、下一条记录、第一条记录、最后一条记录，以及记录的编辑、发布、新增、删除、撤销等操作。

（1）本团队实现“连接数据库”的步骤是：

（2）本团队“连接数据库”完成效果截图如下（观察DBGrid中是否有表A的数据）。

（3）本团队实现用DBNavigator控制数据的步骤是：

（4）本团队增加DBNavigator 后的完成效果截图、打印并粘贴如下。

新建第二个窗体（即Form2），运用第一个窗体中的按钮控制第二个窗体的显示，并将数据库表B在第二个窗体上的DBGrid中显示，同时加入新的DBNavigator对新DBGrid中的数据进行操作。

（5）本团队实现用第一个窗体控制第二个窗体的显示，并利用新DBGrid、新DBNavigator控制数据库表B中数据的步骤是：

运用数据感知控件进行数据管理。新建一个应用，首先连接数据库，在窗体中拖入DBGrid、GroupBox、Label、Button、DBEdit等组件，将每一条记录中字段的值显示于DBEdit中，并可以直接在DBEdit中对字段值进行修改，通过点击控制按钮控制记录指针移动。

（6）本团队实现“运用数据感知控件进行数据管理”的步骤是：

（7）本团队实现“运用数据感知控件进行数据管理”后的完成效果截图、打印并粘贴如下。

运用普通控件进行数据管理。新建一个应用，首先连接数据库，在窗体中拖入DBGrid、GroupBox、Label、Button、Edit等组件，即不使用数据感知控件DBEdit，而是完全依赖Edit，在各按钮中编写代码实现数据的浏览、编辑、发布、新增、删除、查询等功能。

（8）本团队实现“运用普通控件进行数据管理”的步骤是：

（9）本团队实现“运用普通控件进行数据管理”后的完成效果截图、打印并粘贴如下。

3．保存程序

以上涉及三个应用，需要将三个应用各自保存，以作为后续的学习资料。

本团队完成相关程序后保存了以下文件：

4．程序评价

对三个Delphi程序的运行效果实施评价，将结果填入表2-16-3中。

表 2-16-3　程序评价表

评价	
评价维度	评价结论
程序是否能顺利连接数据库	
程序完成任务要求的情况	
程序界面的美观情况	
程序操作的简洁情况	
程序文件保存情况	
打开程序的步骤是否熟悉	

八、工作总结

请对本次工作进行总结，将最终结论填入下列横线处。

（1）你认为本次工作任务中决定任务成败的关键环节有哪些？

____

____

____

（2）通过对本次工作任务进行回顾，你学到了哪些知识和技能？

____

____

____

（3）通过对本次工作任务进行回顾，你有哪些工作心得和感悟？

____

____

____

重难点知识

一、关于连接程序的选择

创建Access数据库文件后，要观察文件的后缀名。在Access早期版本中（如Access2003），后缀名是.mdb，而在当前流行的版本（如Access2007、Access2016、Access2019等）中，后缀名是.accdb。用ADO组件连接时，注意区分这两种数据库文件连接程序是不同的：前者用“Microsoft Jet 4.0 OLE DB Provider”，后者用“Microsoft Office 12.0 Access Database Engine OLE DB Provider”。前者的操作是直接选中后缀为.mdb的数据库文件进行加载，后者需要首先复制数据库文件所在的目录路径（打在数据库文件所在的文件夹，在上端的地址栏点击鼠标右键复制），然后在“连接”页的“数据源”中粘贴路径并手动添加“\数据库文件名.accdb”。无论是前者还是后者，最后都需要点击“测试连接”，当弹出“连接成功”后代表可以正常连接数据库。此外，对于任何高端版本的Acess数据库文件，也可以通过“另存为”功能，将其转换为早期版本，从而执行前一种连接方案。

二、关于DB数据感知控件的连接逻辑

DB数据感知控件为什么可以控制数据库表，它是怎样连接数据库文件的呢？其中的连接逻辑是：由ADO组件连接数据库文件，DataSource数据源连接ADO组件，DB数据感知控件连接数据源，所以三者之间是一种串联关系，如图2-16-1所示。

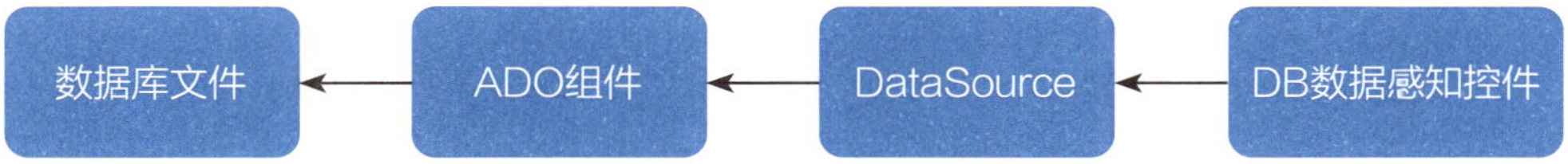

图 2-16-1 DB 数据感知控件的连接逻辑

需要注意以下几个方面：ADOTable要选择具体的数据库表名，其Active属性要设置为“true”，DataSource中的DataSet属性要选择对应的ADOTable，同时将Active属性设置为“true”，DBGrid的DataSource属性只需要连接对应的DataSource，而DBEdit不仅要将DataSource属性连接对应的DataSource，还要在DataField属性中选择相应的字段。

三、一些重要的函数

在“运用普通控件进行数据管理”的编程中涉及一些重要的函数。Locate函数是通过匹配字段值对记录进行定位，因此比较常见于查找功能，如“ADOTable1.Locate('编号', edit8.Text, [])”，代表记录指针将指向符合“编号值等于Edit8值”条件的那一条记录。FieldValues函数代表某字段的值，如语句“ADOTable1.FieldValues['姓名'] : =edit1.Text; ”表示将Edit1的内容赋值给姓名字段，即作为该字段的值。实际上在运用代码进行数据库管理的过程中，都要遵循先定位记录，再对该记录的某个字段进行操作，比如ADOTable中的First、Next、Prior、Last等都是用来定位记录的，定位好记录后则用FieldValues对该记录的字段进行操作。

四、面向数据库表的操作逻辑

面向数据库表的操作大致分为两种：一种是将数据库表的内容展示出来，即输

出；另一种是对数据库表的内容进行修改，即输入。在“运用普通控件进行数据管理”的编程中，二者都可以通过赋值语句实现，前者是将某条记录字段的值赋值给编辑框，而后者则需要在ADOTable.edit下实现，修改完毕后用ADOTable.post发布修改内容。

五、程序设计步骤

1．连接数据库

第一步，在窗体上拖入DB数据感知控件DBGrid用来显示数据库表A，拖入ADOTable和DataSource（这两个组件在程序运行时是不可见的），拖入DBNavigator。

第二步，用ADOTable、DataSource、DBGrid、DBNavigator设置连接，可以依托DBNavigator的VisibleButton属性对数据表A的操作类型进行选择。

第三步，在Form1上设置一个按钮，同时新建Form2（方法是：菜单栏File—New—Form），在Unit1的uses中增加Unit2，同时在按钮中输入语句“form2.showmodal；”，程序运行时，点击该按钮将出现Form2。

第四步，按照第一步至第三步的方法，在Form2中实现操作数据库表B。

第五步，保存程序。程序执行效果如图2-16-2所示。

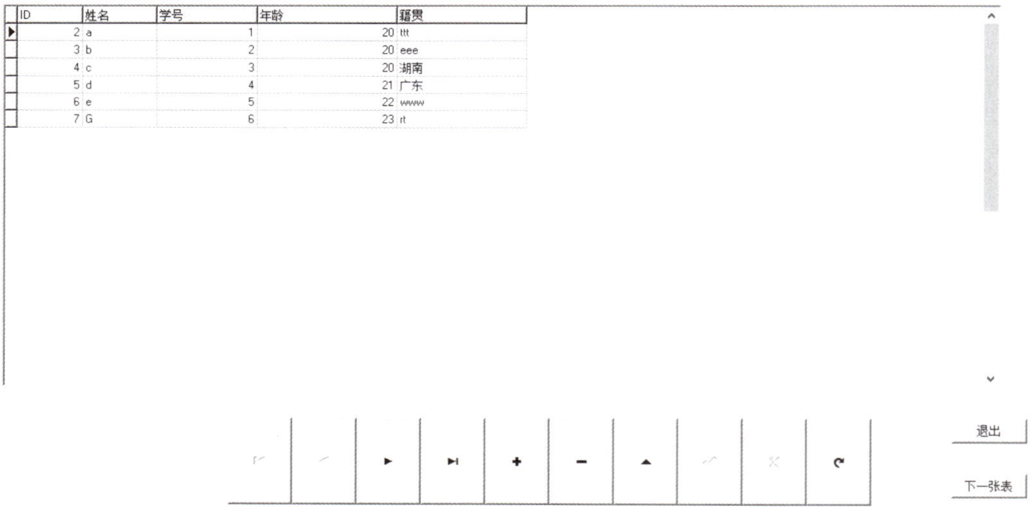

图 2-16-2　连接数据库

2．运用数据感知控件进行数据管理

第一步，在窗体上拖入GroupBox、DBGrid、按钮、标签、DBNavigator、

DBEdit、ADOTable、DataSource等组件，其中DBGrid、DBNavigator、DBEdit、ADOTable、DataSource用来连接数据库表。

第二步，用ADOTable的First、Next、Prior、Last来控制记录指针，用Insert、Delete实现增加或删除记录，由于DBEdit是数据感知组件，因此可以直接在其中修改字段的值。

第三步，保存程序。程序执行效果如图2-16-3所示。

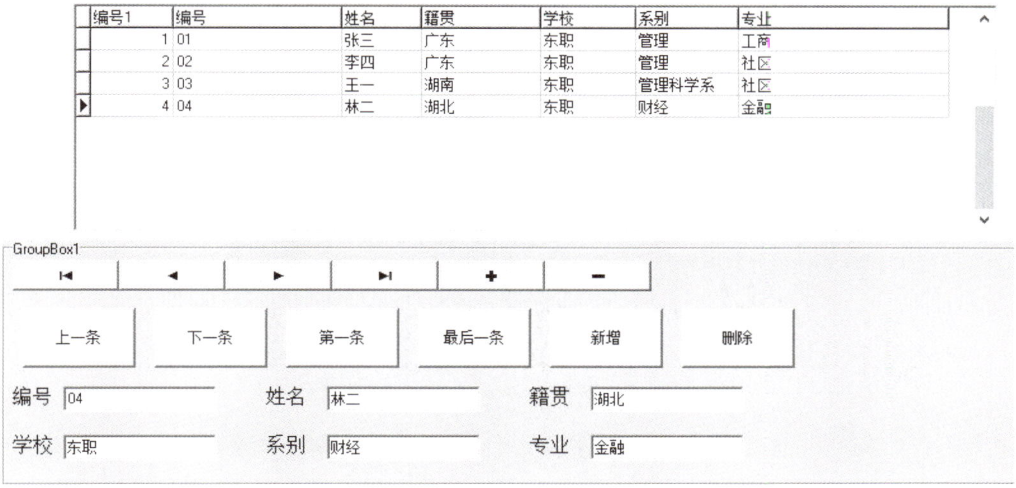

图 2-16-3　运用数据感知控件进行数据管理

3．运用普通控件进行数据管理

第一步，在窗体上拖入GroupBox、DBGrid、按钮、标签、Edit、ADOTable、DataSource等组件，其中DBGrid、ADOTable、DataSource用来连接数据库表。

第二步，浏览记录过程中用ADOTable的First、Next、Prior、Last来控制记录指针，但同时要用FieldValues函数结合赋值语句将字段的值赋予Edit显示。用Insert、Delete实现增加或删除记录。

第三步，查找功能中，用Locate函数根据Edit的内容定位记录，然后运用赋值语句显示字段的值。

第四步，修改功能中，用ADOTable.edit进入编辑模式，将编辑框的值赋予相应的字段，再用ADOTable.post发布。

以上步骤和源代码具体可参考学习资料。程序执行效果如图2-16-4所示。

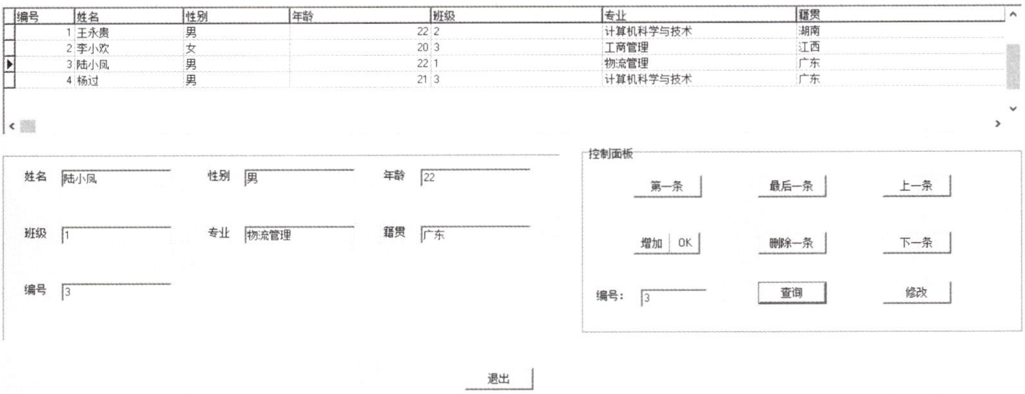

图 2-16-4　运用普通控件进行数据管理

知识链接
请扫码查看学习资料

知识链接
请扫码查看学习资料

知识链接
请扫码查看学习资料

学习活动十七

运用一维数组与二维数组完成计算

一、情境描述

程序中把具有相同类型的若干变量，按照有序的形式组织起来，就形成了数组。数据组织成数组以后，除了可以存储数值以外，还可以方便地实现排序、查找以及各类计算。如果将数组与数据库表的管理相结合，则可以实现表中复杂的数据操作，大大降低了程序设计的难度，因此，数组是一种功能强大、便捷的工具。珍岛信息技术股份有限公司在完成了前期数据库表代码控制相关培训后，员工希望能够制作更加复杂的管理系统，但前提是要学习和使用一维数组和二维数组（数组可以是一维、二维也可以是多维的，本部分主要学习常见的一维数组和二维数组），那么，什么是数组？如何定义、运用一维数组和二维数组？一维数组和二维数组适合哪些任务场景？这是学习者必须熟知的问题。

你作为培训对象，请完成数组定义、数组存储、数组赋值、数组取值、数组计算、数组应用场景等重要学习内容。

二、工作目标

1. 熟悉全局变量、局部变量以及一维数组的功能、存储方式和应用方法

2. 熟悉二维数组的功能、存储方式和应用方法

3. 根据实际情况，辨识相关场景，灵活运用一维数组、二维数组解决工作中复杂的计算问题

三、能力目标

1. 运用一维数组、二维数组按序存储数值，并利用数组下标识别数值的能力

2. 运用一维数组、二维数组完成复杂计算的能力

3. 识别不同场景需求，灵活运用一维数组和二维数组，甚至两种数组的组合解决相关问题的能力

四、素质目标

1. 养成缜密而抽象的数值存储、提取、应用的逻辑思维
2. 养成灵活辨析场景，随机应变，用创造性思维解决问题的习惯

五、工作步骤

工作步骤及要求如表2-17-1所示。

表 2-17-1　工作步骤及要求

序号	工作步骤	要求	备注
1	工作准备	已经熟悉了赋值语句、条件语句、循环语句的语法格式，并进行了实际运用	
2	工作实施	包括两个程序： 程序一：一维数组的存储与计算。将用户输入在编辑框中的一组数值用一维数组存储，用输入按钮和输出按钮进行控制，最后用标签显示相关数值计算结果 程序二：二维数组的存储与计算。将用户输入在网格矩阵中的二维数值用二维数组存储，用输入按钮和输出按钮进行控制，最后用标签显示相关数值计算结果	
3	工作结束	保存程序，截图作为任务佐证；用文档记录数组的存储与计算流程	

六、工作要求

（1）组建工作团队，进行交叉学习，互相讨论，建议4～6人。

（2）已经熟悉了前述学习活动中三种典型语句的语法格式和规则，能灵活运用三种语句的组合。

（3）一维数组相对比较好理解，但二维数组则比较复杂，尤其当结合网格矩阵进行综合分析时，很容易混淆二维数组下标与网格矩阵单元下标，此步骤中必须谨慎。

（4）在运用数组进行计算时，主要是要灵活地运用循环语句。

（5）区别全局变量和局部变量，这两种变量的定义是不同的，作用范围也是不同的。

七、工作成果

1. 填写数组的保存内容和计算结果

完成“一维数组的存储与计算”“二维数组的存储与计算”两个程序。

程序一：输入任意5个数，用一维数组存储并输出，计算5个数之和sum，同时输

出1/sum的值。

程序二：用StringGrid录入二维数组形成矩阵（4行4列），输出二维数组，并计算网格第一行之和与第二列之和的商。

针对以上两个程序，将数组的保存内容与计算结果填于表2-17-2。

表 2-17-2　数组的存储内容与计算结果

程序一（多个元素或值用顿号隔开）			
数组元素a［i］	数组元素a［i］保存的值	5个数之和	5个数之和的倒数
程序二（多个元素或值用顿号隔开）			
数组元素a[i，j]	数组元素a［i，j］保存的值	网格第一行之和、网格第二列之和	网格第一行之和与第二列之和的商

2．程序设计过程和程序运行效果

一维数组的存储与计算。在窗体上运用编辑框作为输入框，每点击一次输入按钮，将编辑框中的数值保存至一维数组对应的元素中（如果未在编辑框中输入任何数值而点击输入按钮则屏蔽按钮），当输入超过5个数时，弹出提示消息。每点击一次输出按钮，将按保存顺序显示数值，当输出了所有数值后，弹出提示消息。最后计算5个数之和的倒数，用标签输出。

（1）本团队实现“一维数组的存储与计算”程序的步骤是：

（2）本团队实现“一维数组的存储与计算”后的完成效果截图、打印并粘贴如下（仅对最后结果截图）。

二维数组的存储与计算。在窗体上运用StringGrid网格组件作为输入口，当填写完网格矩阵后，只要点击一次输入按钮，则程序自动将网格内容按序置于二维数组中保存，并弹出输入完毕的提示消息。点击输出按钮后，以消息的形式按序输出网格中的数值。当点击“计算”按钮后，用标签输出网格中第一行之和与第二列之和的商。

（3）本团队实现“二维数组的存储与计算”程序的步骤是：

（4）本团队“二维数组的存储与计算”完成效果截图、打印并粘贴如下。

（5）运用一维数组、二维数组的编程过程中，本团队操作出现的问题、困难或者障碍有以下几点（根据实际情况填写）。

3．保存程序

以上涉及两个程序，需要将两个程序各自保存，以作为后续的学习资料，同时对计算过程文档进行保存。

本团队完成相关程序后保存了以下文件。

4. 程序评价

对两个Delphi程序的运行效果实施评价，将结果填入表2-17-3中。

表 2-17-3　程序评价表

评价	
评价维度	评价结论
程序是否顺利运行	
程序完成任务要求的情况	
程序执行结果是否准确	
程序文件保存情况	
计算流程文档保存情况	
对数组的定义、设置、应用是否熟悉	
对数组的内部处理逻辑是否明确	
对全局变量和局部变量是否掌握	

八、工作总结

请对本次工作进行总结，将最终结论填入下列横线处。

（1）你认为本次工作任务中决定任务成败的关键环节有哪些？

（2）通过对本次工作任务进行回顾，你学到了哪些知识和技能？

（3）通过对本次工作任务进行回顾，你有哪些工作心得和感悟？

重难点知识

一、全局变量与局部变量

1. 全局变量

如果我们在应用程序一个单元（Unit）中的Interface关键字和Implementation关键字之间的区域定义一个全局变量，假如这个单元在别的地方被引用，那么这个单元的全局变量能够在别的地方被访问到，当然我们也可以在应用程序一个单元中的Implementation关键字的后面定义全局变量，不过此时在这里定义的全局变量只能在本单元中被访问到，也就是说它是这个单元私有的，在别的单元中将不能被访问到。

2. 局部变量

局部变量是指在过程（Procedure）或函数中声明的变量，这种变量只能在过程或函数中使用，其生命周期也是在过程或函数中内部有效，当过程或函数调用结束后，其内部所声明的变量也随之销毁。

二、数组的重要知识

数组是相同特性数据的一个集合，也就是每个元素的类型必须是一样的，若将这个集合命名，称为数组名。组成数组的各个变量称为数组的元素，有时也称为下标变量。用于区分数组的各个元素的数字编号称为下标，数组的下标是从0开始的。定义数组是在内存中开辟一整块连续的空间，用这个连续的空间去保存数值，在Delphi中，一维数组定义，如A：array of 数据类型，二维数组定义如B：array of array of 数据类型。设置数组长度的方法是，一维数组为setlength(A, 长度)，二维数组为setlength (B, 长度1, 长度2)，长度为整数，代表数组元素的个数。在一维数组的引用过程中，A[n]代表数组A中的元素n，n应当小于等于该一维数组的长度，B[m, n]代表数组B中位于第m行第n列的元素，m和n也应当小于长度1与长度2。

三、学习数组须要把握的思维方式

第一，须把握数组本身的类型，需要存储何种类型的数据就要定义与该数据类型对应的数组。第二，在用二维数组进行保存过程中，要注意存储的方式，确定是按行来存储，还是按列来存储，不同的存储方式决定了提取元素值的顺序。第三，数组的运算往往和循环语句挂钩（当然要视具体情况而定），运用循环语句可以很方便地操作数组。第四，二维数组可以与网格组件StringGrid配套使用，这样就能把网格矩阵中的数值用抽象的二维数组进行保存，对二维数组中数值的操作则可以映射为对网格中单元格值的操作，从而解决矩阵计算等复杂问题。第五，数组长度是容易被忽视的内容，一般设置数组长度要超过需要保存的数据总数。

四、程序设计步骤

1. 一维数组的存储与计算

第一步，在窗体上设置按钮、标签和编辑框。

第二步，在Implementation上面的区域定义一维实型数组、整型全局变量i和j（用来作为循环变量）以及实型全局变量sum（作为累加器）。

第三步，在“输入一维数组”按钮中，用If语句对输入内容进行约束，用赋值语句将编辑框的值按序赋给一维数组保存，所有数值保存后，用ShowMessage输出消息提醒。

第四步，在“输出一维数组”按钮中，用If语句按序将元素值赋给标签输出，直到所有元素值显示后，用ShowMessage输出消息提醒。

第五步，在“计算”按钮中，运用单重For语句将数组元素值累加，并用累加器sum保存，最后计算sum的倒数。程序执行效果如图2-17-1所示。

2. 二维数组的存储与计算

第一步，当窗体生成时，定义二维数组a，将StringGrid的行数和列数设置为4，在StringGrid的FixedCols和FixedRows属性中将值设置为0（即去除边框），同时在StringGrid的Options属性中，将GoEditing设置为True（即允许在网格组件中输入）。

第二步，在“输入二维数组”按钮中编写代码，运用双重For语句，将网格矩阵中的值赋给二维数组保存，注意二者下标的含义不同，a[i, j]表示二维数组a中的第i行第j列的元素值，而StringGrid.Cells[i, j]则代表网格中第j行第i列单元格的值，同时要

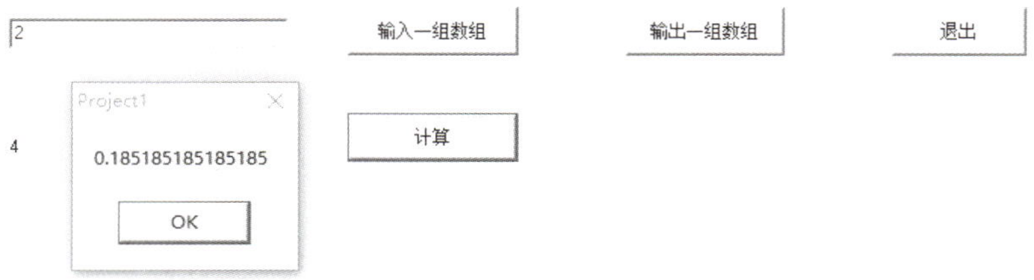

图 2-17-1　一维数组的存储与计算

注意网格的下标是从0开始的。保存完成后用ShowMessage输出消息提醒。在“输出二维数组”按钮中编写代码，运用双重For语句按序输出二维数组中元素的值，用标签来显示。

第三步，定义sum1和sum2两个累加器，前者保存网格第一行之和，后者保存网格第二列之和，二者可各自用一个单重For语句实现。最后计算sum1/sum2，用标签输出结果。

第四步，保存程序。程序执行效果如图2-17-2所示。

以上步骤和源代码具体可参考学习资料。

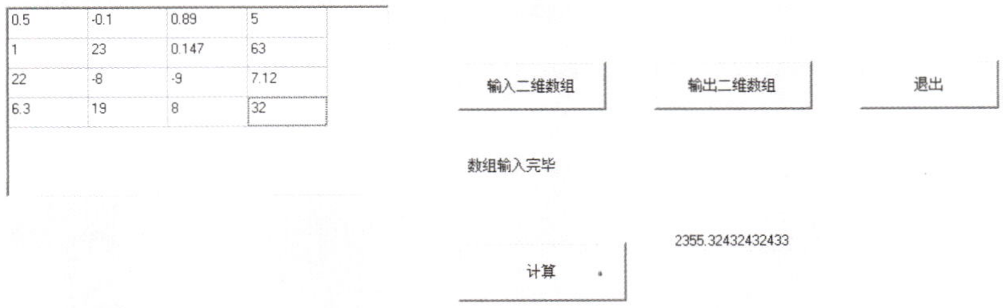

图 2-17-2　二维数组的存储与计算

知识链接
请扫码查看学习资料

知识链接
请扫码查看学习资料

学习活动十八

小型商品管理系统设计

一、情境描述

珍岛信息技术股份有限公司需要帮助客户设计一个小型商品管理系统，该系统不仅可以对任何商品记录进行浏览、新增、修改、删除、查找，还能够实现单品销售额、总销售数、总库存数、总库存金额的自动计算。因此该系统可对每一种商品进行有效的管理，同时又能对销售、库存、财物数据进行把控。为了实现这些功能，需要将前面所学的编程内容进行综合运用，系统设计包括典型语句、语句组合、数据库表、数组四个方面的内容。那么，如何制作小型商品管理系统？系统中涉及了哪些基础知识和技能？如何确保系统的完整性，以及如何提示用户完成相关操作？

你作为开发人员，请将之前的Delphi学习内容融会贯通，并独立完成小型商品管理系统的制作。

二、工作目标

1. 根据客户需求，独立制作小型商品管理系统，该系统能完成商品记录控制以及相关商品数据的自动计算

2. 灵活运用典型语句、语句组合、数据库表控制、数组中的知识技能，按客户需求解决实际问题

3. 保证程序的完整性、健壮性，在程序中设置操作提示，提高系统运用的便捷性

三、能力目标

1. 结合不同的场景需求，激活创造性思维，独立设计、编程、调试小型系统的能力

2. 开发系统所必需的系统思维能力，考虑信息系统的完整性、层次性、动态性

3. 将所学的编程知识与技能总结、归纳，进而灵活运用的能力

四、素质目标

1. 养成独立思考、判断，富有创造力的工作思维
2. 养成严谨、缜密、踏实的编程习惯与工作作风
3. 将编程视为一种工作乐趣，将每一个开发的系统视为作品，养成作品意识

五、工作步骤

工作步骤及要求如表2-18-1所示。

表 2-18-1　工作步骤及要求

序号	工作步骤	要求	备注
1	工作准备	已经掌握了赋值语句、条件语句、循环语句，以及典型语句的组合运用；已经学会连接数据库，并能对数据库表进行代码控制；已经熟练了数组设置及相关操作	要求对前述学习活动涉及的知识技能进行归纳总结
2	工作实施	包括一个程序，即小型商品管理系统，针对需求，先画出程序流程图，该系统包括多个功能模块，具体如下： 模块一：创建矩阵模块。运用网格显示数据库中的表格内容，同时显示销售额数、库存数等信息 模块二：导入数据模块。计算数据库表中记录的条数，并从数据库中导入相关数据至网格中显示 模块三：商品基本信息模块。将数据库表中的字段信息用编辑框显示，同时可以对某字段的值进行修改 模块四：指针按钮模块。对数据库表中的商品记录进行定位和控制，包括浏览、新增、修改、删除、查找 模块五：功能按钮模块。计算销售额、库存等信息，同时将计算后的新数据（如：销售额、折扣、库存数量等）置于编辑框、网格中显示，同时录入数据库表	
3	工作结束	保存程序，截图作为任务佐证；用程序流程图画出系统各部分的逻辑关系	

六、工作要求

（1）组建工作团队，进行交叉学习，互相讨论，建议4～6人。

（2）对典型语句、语句组合、数据库表、数组等内容进行归纳总结，为综合运用打下基础。

（3）在编程前先结合客户需求画出程序流程图。

（4）在设计和编程环节，请充分体现系统思维，确保程序的完整性和健壮性。

（5）在调试程序环节，切忌浮躁，确保程序运行流畅，养成随时保存的习惯。

（6）程序完成后，团队成员可展示作品，由成员相互扮演客户，操作对方系统进行检验。

七、工作成果

1. 画出小型商品管理系统的程序流程图

相关要求如下。

（1）程序流程图中应包括系统中所有的模块，以及应明确体现系统中各模块之间的逻辑关联。

（2）程序流程图中应包括起始框、终止框、执行框、判别框四种框和箭头号。

（3）程序流程图务必完整、细致。

2. 建立初始数据库表

建立初始数据库表并将表格内容填入表2-18-2中，可自行增加或删除表中行数。

表 2-18-2　初始数据库表

数据库文件名					数据库表名			
ID	商品号	商品名	品类	产地	单价	库存数量	折扣	销售额

3. 程序设计过程和程序运行效果

创建矩阵模块。在窗体生成时，根据初始数据库表中的记录数和字段名，自动构建初始网格表头以及计算行数，同时屏蔽相关按钮。

（1）本团队完成“创建矩阵模块”的步骤是：

（2）本团队完成“创建矩阵模块”后的运行效果截图、打印并粘贴如下。

导入数据模块。当点击“导入数据”按钮时，将数据库表中的数据导入至网格矩阵进行显示，同时激活相关按钮。

（3）本团队完成“导入数据模块”的步骤是：

（4）本团队完成“导入数据模块”后的运行效果截图、打印并粘贴如下。

商品基本信息模块。用编辑框显示商品号、商品名、品类、产地、单价、库存数量等信息。

指针按钮模块。用按钮实现商品记录的浏览、插入、删除、修改与查找功能，将相关字段值在商品基本信息模块中显示。

（5）本团队完成“商品基本信息模块”“指针按钮模块”的步骤是：

（6）本团队完成“商品基本信息模块”“指针按钮模块”后的运行效果截图、打印并粘贴如下。

功能按钮模块。计算单品销售额、总销售额、总库存数、总库存金额，将计算结果置于编辑框、网格中显示，针对折扣、销售额、库存数量几个内容修改数据库表。

（7）本团队完成“功能按钮模块”的步骤是：

（8）本团队完成“功能按钮模块”后的运行效果截图、打印并粘贴如下。

4. 保存程序

以上涉及一个程序，需要将这个程序进行保存，以作为后续的学习资料，同时对程序流程图进行保存。

本团队完成相关程序后保存了以下文件：

5. 程序评价

对小型商品管理系统的运行效果实施评价，将结果填入表2-18-3中。

表 2-18-3　程序评价表

评价	
评价维度	评价结论
程序是否顺利运行	
程序完成任务要求的情况	
程序完整性和健壮性情况	
程序文件保存情况	
程序流程图设计情况	
程序计算结果的准确性情况	
商品数据管理的有效性情况	
程序操作中的消息提示情况	

八、工作总结

请对本次工作进行总结，将最终结论填入下列横线处。

（1）你认为本次工作任务中决定任务成败的关键环节有哪些？

（2）通过对本次工作任务进行回顾，你学到了哪些知识和技能？

（3）通过对本次工作任务进行回顾，你有哪些工作心得和感悟？

重难点知识

一、程序流程图

程序流程图又称程序框图，是用统一规定的标准符号描述程序运行具体步骤的图形表示。通过对输入输出数据和处理过程的详细分析，将计算机的主要运行步骤和内容用程序流程图表示出来，因此它是进行程序设计的最基本依据。

程序流程图由起始框、终止框、执行框、判别框等构成，框图图符如表2-18-4所示。

表 2-18-4　程序流程图的框图

框图	图符
起始框	
终止框	
执行框	
判别框	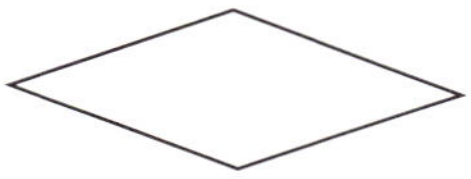

二、程序的健壮性和友好性

程序的健壮性是指系统在不正常的输入或不正常的外部环境下仍能表现出正常的程度。比如：软件要求用户输入整数，然而用户不小心输入了一个小数，那么程序会怎么处理呢？如果系统因此崩溃则代表程序不具备健壮性。为了实现程序的健壮性，应该不停地假设用户在使用程序过程中会产生恶意、错误的输入，通过相关约束保障程序具有容错能力，能持续有效地运行。

程序的友好性，简单来说是用户使用程序时觉得易于操作，感官舒适。程序的友好性既包括了界面布局的元素，也包括了各种操作提示，用户在完全不熟悉软件的前提下可以按照系统中给出的提示逐步完成操作。有很多方法可以实现程序的友好性，本案例中采用的方法是用弹出提示消息的方式提醒用户如何进行下一步操作。

三、程序设计步骤

1．创建矩阵模块

第一步，在窗体上拖入StringGrid，设置其FixedCols、FixedRows属性以去掉边框，拖入ADOTable和DataSource，连接数据库。

第二步，点击Form，在窗体“Oncreate”事件中编写代码，当窗体生成时，遍历数据库表，用循环变量保存记录的条数（此处可以运用While语句实现），然后根据循环变量的值设置行数，运用赋值语句，将字段名赋给网格第0行作为表头。

第三步，将相关按钮和编辑框屏蔽。

第四步，提醒用户下一步是“导入数据”。程序执行效果如图2-18-1所示。

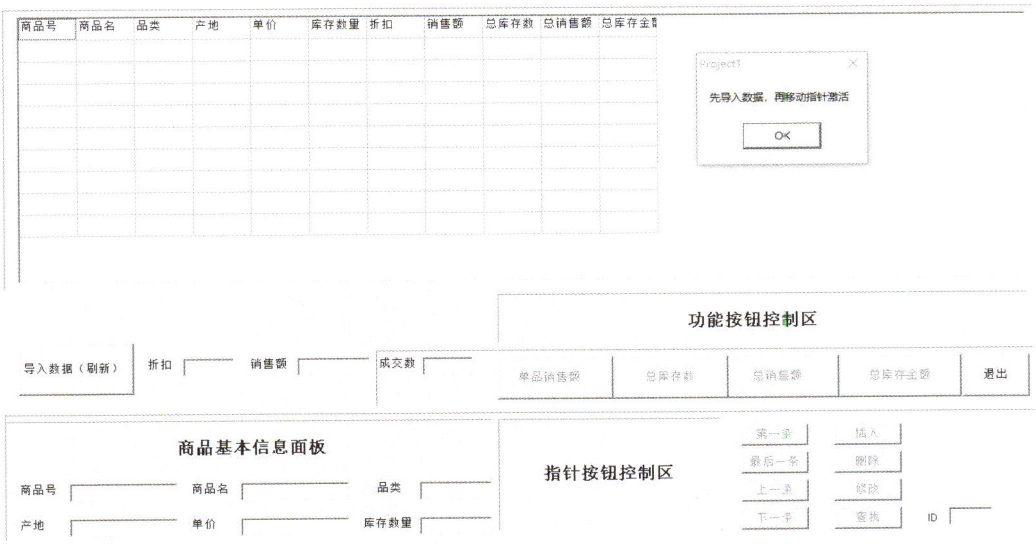

图 2-18-1　创建矩阵

2．导入数据模块

第一步，设置“导入数据”按钮（该按钮同时拥有刷新功能）。

第二步，设置i和j两个循环变量，用j来统计有多少个记录。

第三步，将i的初值赋为1，终值为j，运用单重For语句将数据库表的字段值逐一赋予网格。

第四步，提示“装载完成”并激活记录指针按钮。程序执行效果如图2-18-2所示。

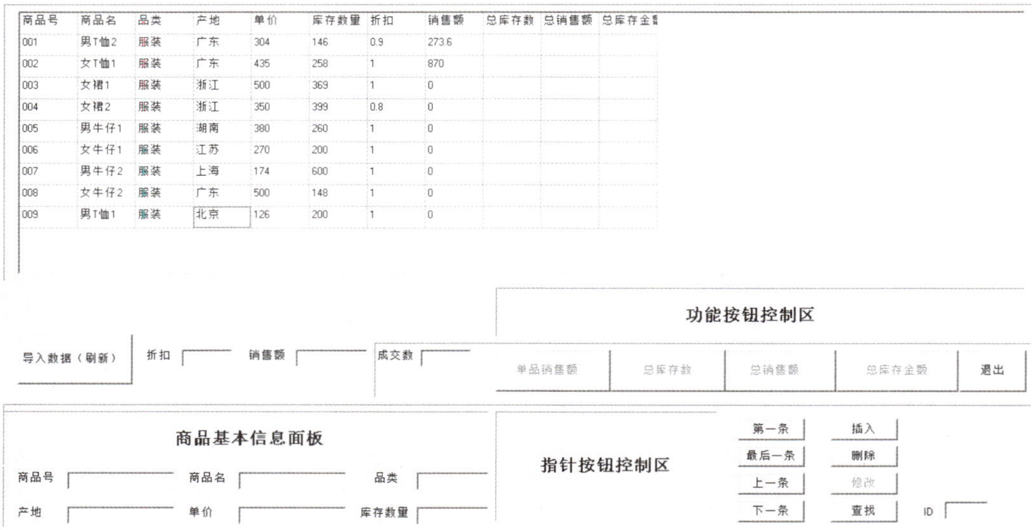

图 2-18-2　导入数据

3．商品基本信息模块与指针按钮模块

第一步，在商品基本信息面板上添加标签、编辑框，对应数据库表中的内容。

第二步，在指针按钮控制区中添加按钮与编辑框（尽量不用DBEdit）。

第三步，在指针按钮控制区的每一个按钮中编写代码，实现对记录的浏览、插入、删除、修改、查找功能。具体可参看“学习活动十六”中的设计过程。

4．功能按钮模块

第一步，在功能按钮控制区中设置单品销售额、总销售额、总库存数、总库存金额按钮，接下来要对四个功能按钮进行编程，这是本系统中最难的部分，原因是需要不断考虑与其他三个模块之间的联系。

第二步，针对单品销售额，先判断成交数情况，如果为空则提醒输入成交数。如果不为空，则把原库存数减去成交数，然后把结果在库存数量编辑框中显示。计算原成交额加新成交额的值并将该值在销售额编辑框中显示。在数据库表中录入新的折扣、库存数量和销售额。最后将单品销售按钮屏蔽，并告知用户如何激活。

第三步，针对总库存数。定义全局数组kucun（库存数组），库存数组的长度与数据库表中记录数量相关。用单重For语句遍历数据库表，将每条记录的库存数量按序存储至数组单元中，定义累加器计算库存总量，在网格矩阵中输出库存总量，激活或屏蔽相关按钮后提示用户下一步操作。

第四步，针对总销售额。定义全局数组xiaoshoue（销售额数组），总销售额相关代码与第三步总库存数代码类似，在此省略。

第五步，针对总库存金额。定义全局数组danjia（单价数组），将商品单价用单价数组按序存储，再将kucun库存数组与danjia单价数组中下标相同的单元相乘，将结果用累加器保存并赋给网格矩阵进行显示，屏蔽相关按钮并提示用户下一步的操作。程序执行效果如图2-18-3所示。

以上步骤和源代码具体可参考学习资料。

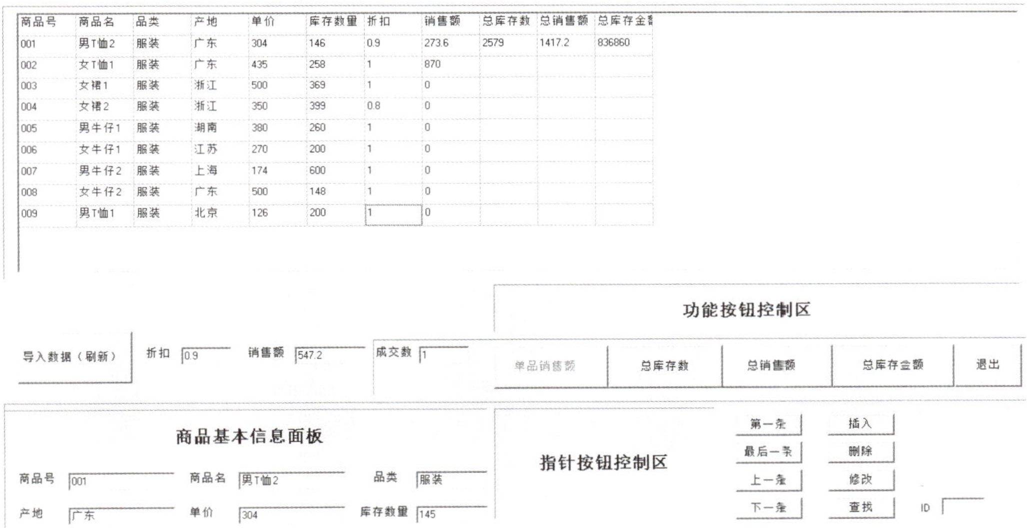

商品号	商品名	品类	产地	单价	库存数量	折扣	销售额	总库存数	总销售额	总库存金额
001	男T恤2	服装	广东	304	146	0.9	273.6	2579	1417.2	836860
002	女T恤1	服装	广东	435	258	1	870			
003	女裙1	服装	浙江	500	369	1	0			
004	女裙2	服装	浙江	350	399	0.8	0			
005	男牛仔1	服装	湖南	380	260	1	0			
006	女牛仔1	服装	江苏	270	200	1	0			
007	男牛仔2	服装	上海	174	600	1	0			
008	女牛仔2	服装	广东	500	148	1	0			
009	男T恤1	服装	北京	126	200	1	0			

图 2-18-3　商品基本信息、指针按钮、功能按钮

知识链接

请扫码查看学习资料

学习任务三

扩展岗位学习内容
云计算规划与应用类工作

该部分内容适用岗位：

- 数据分析类岗位
- 云产品运营类岗位
- 云应用设计类岗位

第一部分

企业上云中的服务模式与网络模式选择

对学习者的意义

信息技术的发展经历了四次变革，分别是20世纪60年代的计算机的诞生，80年代的个人计算机变革，21世纪初的互联网变革和2010年的云计算变革。云计算不仅是一种技术模式，也是一种服务模式、管理模式和商业模式。

毫无疑问，我们每天可能会接触许许多多的云应用、云资源，了解云计算、熟悉云计算已然成为信息系统领域的学习重点。云时代中，企业上云是大势所趋，面对纷繁复杂的云服务模式和云计算网络，作为企业管理人员应当如何进行选择以确保企业获得最佳资源，这是需要探讨的内容。

学习活动十九

企业上云中的服务模式选择

一、情境描述

为了能在未来取得竞争优势，节约开销提高企业运行效率，泠岛信息技术股份有限公司筹划引入云计算系统，将资源进行统一调配、统一管理，也为未来实现数据驱动业务、打造数据价值链和实现数字化转型奠定基础。云计算是新一代信息技术（包括云计算、大数据、物联网、人工智能、区块链等）中的数字化底座，要实现企业上云，首先要了解云计算的功能、架构并对服务模式进行选择。

请你总结以上内容并完成相关学习任务。

二、工作目标

1. 实施文献调研、视频资源调研，总结云计算的功能
2. 实施文献调研、视频资源调研，阐述云计算的三层架构
3. 分析企业上云中的三种服务模式并形成相关文档

三、能力目标

1. 文献检索能力，信息查询能力
2. 识别和区分云计算三层架构的能力
3. 对企业上云的服务模式进行判别的能力

四、素质目标

1. 探索和把握前沿知识、先进工具的科学精神
2. 用新工具、新理念实施企业变革的创新精神

五、工作步骤

工作步骤及要求如表3-19-1所示。

表 3-19-1　工作步骤及要求

序号	工作步骤	要求	备注
1	工作准备	实施文献调研、视频资源调研，了解云计算功能、架构和运行机制；每位团队成员准备好自己的问题，做好团队内部讨论的准备	
2	工作实施	须要撰写三个文档： 文档一：撰写云计算功能文档，说明云计算产生的背景、价值、商业模式 文档二：撰写云计算架构文档，说明云计算每一层架构（IaaS、PaaS、SaaS）能完成的具体工作 文档三：撰写企业上云服务模式文档，说明在每种服务模式下，企业需要对哪些资源进行管理	
3	工作结束	整理过程文档等工作文件；对学习活动效果进行评价	

六、工作要求

（1）组建工作团队，进行任务分工，建议4～6人。

（2）文献调研和视频调研要侧重较为权威的资源，如权威期刊论文、杂志、会议文集等，或者一些课程资源、知名IT论坛资源（如CSDN）等。

（3）云计算的学习内容较为抽象，学习者收集问题后可以在团队内部分享问题，共同解答。

（4）对于一些复杂的技术难点，经管专业学生没有必要深究，毕竟那些更倾向于计算机专业学习者。经管类专业学生在学习导向上以探索其背后的运行机制和原理为主，若过于侧重技术层面，可能会失去学习兴趣。

七、工作成果

1．进行调研

进行文献调研、视频资源调研（有条件的同学也可以进行人员访谈调研），将调研过程中的学习收获填入表3-19-2中。注意，该表格需要按照个人实际学习情况进行总结，避免直接复制粘贴网上的文字。调研类别是指调研的途径，如文献调研等。知识来源栏中，如果是视频资源，请复制网址。

表 3-19-2　文献调研、视频资源调研学习收获

收获的知识点	调研的类别	知识来源	我的归纳或总结
如：IaaS提供的资源	文献调研	《云计算那些事儿：从IaaS到PaaS进阶》，作者：陈晓宇，出版社：电子工业出版社，出版时间：2020年1月	提供计算、存储、网络等基础资源

2. 团队答疑

整理自己在调研过程中遇到的难点问题、学习困惑，将这些问题填入表3-19-3中，由团队成员各抒己见，通力解答。最后团队统计哪个类别的问题最多，将其作为学习攻关的重点。

表 3-19-3　调研过程中的疑问

疑问	问题所属类别	相关描述	团队答疑结果
如：IT资源租用付费	商业模式类	某企业租用云资源的付费模式有哪几种?	分为按流量计费，按时间长短计费（如：按月、年等）

3. 撰写任务文档

撰写云计算功能文档，内容涉及云计算为什么会产生，与21世纪初形成的互联网潮流相比，它带来的主要变革有哪些，它为什么能替代传统IT管理与运营模式，背后的价值和商业逻辑是什么。

（1）本团队认为云计算产生的背景主要包括以下几点（可以举例传统IT发展中的瓶颈，或者技术进步的推动，或者市场的拉动等）。

（2）本团队认为与传统IT相比，云计算带来的主要优势和价值有以下方面（可以从专业化分工、资源整合、弹性与便捷性等多个角度阐述）。

（3）本团队认为云计算中主要形成的商业模式包括以下内容（可以从狭义上的盈利模式，以及广义上的协同创新、价值共创、对市场反应速度、研发的效率等多角度阐述）。

撰写云计算架构文档，内容涉及云计算三层架构的具体内容，包括IaaS、PaaS、SaaS的主要作用、功能，它们各自解决了何种具体问题。

（4）基础设施即服务（IaaS）的主要功能和解决的问题主要包括以下内容。

（5）平台即服务（PaaS）的主要功能和解决的问题主要包括以下内容。

（6）软件即服务（PaaS）的主要功能和解决的问题主要包括以下内容。

撰写企业上云中的服务模式文档，不同的企业有不同的IT资源基础和能力，这决定了企业采取何种方式来获取云服务，结合云计算架构可以将获得的云服务分为三种，即获取IaaS支持，获取PaaS支持，获取SaaS支持。请结合这三种服务模式，撰写以下内容。

（7）在IaaS服务模式下，云供应商提供的服务以及本企业需要管理的IT资源包括：

（8）在PaaS服务模式下，云供应商提供的服务以及本企业需要管理的IT资源包括：

（9）在SaaS服务模式下，云供应商提供的服务以及本企业需要管理的IT资源包括：

（10）综合分析，本团队认为珍岛信息技术股份有限公司应获得的云服务模式是：

4. 任务评价

对以上工作成果和学习效果进行评价，填入表3-19-4中。

表 3-19-4 工作成果和学习效果评价表

评价维度	评价结论
调研团队的分工配合程度	
调研信息收集的完整性	
团队成员帮助解决问题的情况	
对云计算三层架构的了解情况	
对企业上云中不同服务模式的分析情况	

八、工作总结

请对本次工作进行总结，将最终结论填入下列横线处。

（1）你认为本次工作任务中决定任务成败的关键环节有哪些？

（2）通过对本次工作任务进行回顾，你学到了哪些知识和技能？

（3）通过对本次工作任务进行回顾，你有哪些工作心得和感悟？

重难点知识

一、云计算的功能

云计算是什么？为了回答这个问题，先举一个例子：古代人喝水，家家户户挖水井取水，挖水井的过程很烦琐，需要付出很多的劳动。由于人们的最终目标是喝水而不是挖水井，于是到了现代就有了自来水公司，公司对水资源进行管理，包括取水、净化等，人们只需要按月支付费用就可以获得干净的自来水。如果我们把水想象为IT资源，过去人们为了获得IT应用，需要自己完成各种部署，导致了IT“烟囱”式扩张，企业许多的软硬件资源被闲置，而企业的最终目标是获得应用服务，因此在云时代转变为由云供应商帮助提供服务，企业只需要付费租赁即可，恰如上例中的自来水公司的供给模式。

1. 云计算发展历程中的时点和关键事件

云计算发展历程中的时点和关键事件，如表3-19-5所示。

表 3-19-5　云计算发展历程中的时点和关键事件

时间	关键事件
1959年	克里斯·托弗提出了虚拟化概念，它是云技术的基石
2006年	亚马逊向世界宣布了亚马逊将投资和创立云计算AWS
2008年	Google将浏览器融入云计算当中

续表

时间	关键事件
2008年	阿里巴巴面临服务器使用率过高的问题，意识到需要采用云架构解决问题
2009年	阿里软件在江苏建立首个“电子商务云计算中心”
2010年	阿里云完成技术突破，实现了顺畅运作
2010年	华为正式公布云计算战略
2012年	在阿里云技术的支持下，淘宝拿下单日191亿元的交易量
2012年	百度云、金山云迅速跟进
2013年	腾讯云宣布正式面向全社会开放

我国云计算市场规模：2013年的市场规模为805亿元人民币，2021年已经达到5413亿元人民币，2013至2017年的复合年均增长率为43.5%，2017至2021年的复合年均增长率为12.2%。

2．云计算的价值

专业的人员做专业的事情，一方提供服务，一方享受服务，此状态将是社会资源损耗最小，云计算最大的价值就是效率和效益，而二者是企业的生命线。云计算的价值有很多，如：数据在云端，避免备份，可以随时恢复；软件在云端，不必下载，可以自动升级；强大的计算支撑：在任何时间、地点、设备登录后就可以获得计算服务。因此，本书作者认为：云计算最大的价值不仅是作为资源池完成共享和协同，更重要的是对工作效率和效益的革命。

除此之外，云计算也为其他新一代信息化技术提供了数字化底座（具体见附录一，工业互联网介绍），云计算具有集成性，提供了无比强大的计算功能，如图3-19-1所示。

启示：在企业数字化转型过程中，为了实现企业内部、供应链中数据的互联互

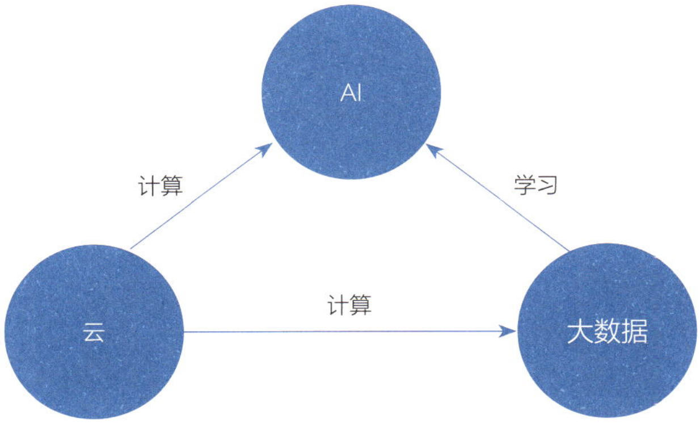

图 3-19-1　云计算与大数据、AI 的关系

通，云计算的应用十分广泛。作为经管专业学生，不能仅将其视为计算机领域中的知识而予以忽视。事实上在未来的企业工作中，可能需要大量接触云应用场景，运用大量的SaaS软件工具支撑工作所需，换句话说，如果完全不了解云计算则不能对现代企业的价值创造模式进行了解，更无法成为优秀的企业管理人才。

二、云计算的架构

IaaS把计算基础（服务器、网络技术、存储和数据中心空间）作为一项服务提供给客户，IaaS 是云服务的最底层，主要提供一些基础资源。

PaaS实际上是指将软件研发的平台作为一种服务，平台通常包括操作系统、编程语言的运行环境、数据库和 Web 服务器，用户在此平台上部署和运行自己的应用。

SaaS是一种通过Internet提供软件的模式，用户无须购买软件，而是向提供商租用基于Web的软件来管理企业经营活动。云提供商在云端安装和运行应用软件，云用户通过云客户端（通常是 Web 浏览器）使用软件。

三、企业上云中的服务模式

对比传统模式举例。假如你想自己开发并使用一款应用软件，在传统开发模式下你会怎么做？首先要布置基础设施（包括计算、存储等基本支持），然后在这些基础设施上部署软件开发环境，最后基于这个环境开发软件并使用，这三个步骤就是传统的应用开发流程。相应地，在云时代中，你能获得三种云服务模式，具体哪一种要根据企业自身特点进行选择：一是租用外部基础设施，剩下的自己做；二是租用外部基础设施和开发环境，剩下的自己做；三是自己什么都不做，直接租用各种应用。三种云服务模式以及企业上云自身需要管理的IT资源如图3-19-2所示，其中的厂商代表云服务供应商，用户代表企业用户。

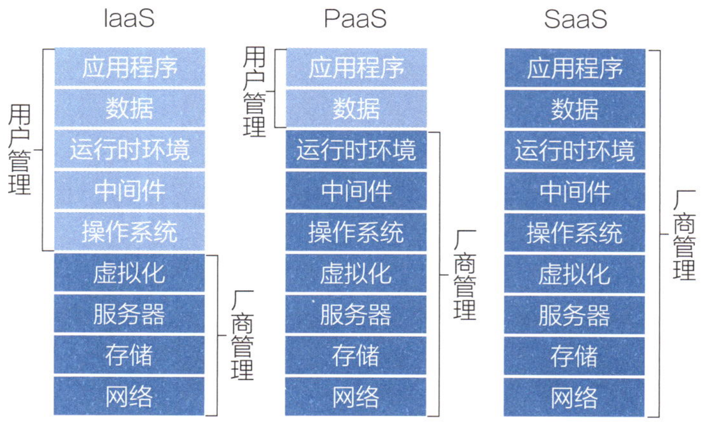

图 3-19-2　三种云服务模式

在IaaS服务模式中，IaaS云服务提供商负责提供和管理机房基础设施、计算机网络、磁盘柜、服务器和虚拟机，租户自己安装和管理操作系统、数据库、中间件、应用软件和数据信息。

在PaaS服务模式中，PaaS 云服务提供商负责提供和管理机房、网络、设备、操作系统和中间件（即把基础设施层和平台软件层都搭建好），然后在平台软件层上划分“小块”（称之为容器）并对外出租。用户不能管理和控制底层的基础设施，只能控制自己部署或开发的应用，最典型的包括两个方面：一是在该开发环境中完成应用开发；二是部署已经开发好的应用（如：某企业要部署开源的OpenERP软件，该应用软件要用到 PostgreSQL 数据库和 Python 语言进行个性化设置，那么只需要租赁一个 PaaS 型容器并在里面安装 OpenERP 即可，但这个容器必须支持 PostgreSQL 数据库和 Python 语言，让租户无须再去安装和配置它们）。

在SaaS服务模式中，SaaS云服务提供商为企业搭建信息化所需要的所有网络基础设施及软件、硬件运作平台，并负责所有前期的实施、后期的维护。云用户不能管理应用软件运行的基础设施和平台，只能做有限的应用程序设置。

知识链接

请扫码查看学习资料

学习活动二十

企业上云中的网络模式选择

一、情境描述

“创新资源获取问题”是开放式创新过程中的重要环节，相对传统的资源获取形式（购买、联盟、并购），网络途径逐渐变得越来越重要。企业上云实际上是丰富了云计算网络的节点，节点的数量与质量决定了云计算网络资源的水平。珍岛信息技术股份有限公司上云的目标是为了获得相应的云资源，而云计算网络中的各种模式并没有绝对的优良差异之分，因此要根据自身资源的构成及客观发展阶段，视情况选用不同的云计算网络模式，究竟如何选择才能够使得效益最大化？

请你根据云计算的分类、网络特征、创新资源的分类、企业成长阶段四个要素进行决策，判定珍岛信息技术股份有限公司在不同发展阶段下应当如何选择云计算网络模式。

二、工作目标

1．根据不同的云计算类型判别其网络特征，包括规模、强度、异质性

2．判别企业发展中必需的创新资源类型，包括通用性创新资源、专用性创新资源、多样性创新资源

3．判别企业发展的不同阶段，包括初成长期、高成长期、再成长期

4．结合云网络特征、资源类型、企业发展阶段，判别企业在不同发展阶段下应如何选择云计算网络模式才最能助力于自身发展

三、能力目标

1．问题的洞察能力，机会捕捉的敏感性

2．问题分析能力和立足于全局的决策能力

3．化整为零、化难为易、化变为恒的解构能力

四、素质目标

1．大胆假设，小心求证的工作作风

2．从宏观角度探查问题、思考问题，养成整体观、大局观

五、工作步骤

工作步骤及要求如表3-20-1所示。

表 3-20-1　工作步骤及要求

序号	工作步骤	要求	备注
1	工作准备	了解云计算的分类，包括公众云、行业云、社区云、私有云和混合云；了解网络特征，包括网络规模、网络强度、网络异质性；了解云创新资源的作用，包括通用性创新资源、专用性创新资源、多样化资源；了解企业发展阶段，包括初成长期、高成长期、再成长期	查找相关资料学习
2	工作实施	需要形成三个分析文档： 文档一：分析云计算网络特征。结合网络规模、网络强度、网络异质性对四种典型云计算网络进行比较，阐明各类云计算网络的比较结论 文档二：分析云计算网络资源。结合通用性创新资源、专用性创新资源、多样性创新资源对四种典型云计算网络进行比较，阐明各类云计算网络的比较结论 文档三：分析不同发展阶段下的企业上云选择。结合文档一和文档二的比较结论，分析企业在不同发展阶段下如何选择云计算网络才最符合效益最大化原则	该内容涉及严格的逻辑推理过程，需要步步分析，小心求证
3	工作结束	整理过程文档等工作文件；对学习活动效果进行评价	

六、工作要求

（1）组建工作团队，进行任务分工，建议4～6人。

（2）熟悉不同云计算的特点，包括公众云、行业云、社区云、私有云和混合云。

（3）本学习活动对特定管理学理论有较高的要求，应当熟悉网络组织理论、网络特征理论、资源理论、企业生命周期理论，运用理论工具解决实际问题。

（4）本学习活动中涉及的问题较为抽象，在分析过程中应该发挥团队的力量，互相探讨，彼此分享。

七、工作成果

1．熟悉不同的云计算种类

查找资料熟悉公众云、行业云、社区云、私有云和混合云，将它们的特点记录于表3-20-2中。

表 3-20-2　不同云计算的特点

云计算种类	特点
公众云	
行业云	
社区云	
私有云（封闭式和开放式）	
混合云	

依据上述特点，选取公众云、行业云、社区云、开放式私有云作为后续研究的对象。

2. 理论学习成果总结

查找资料熟悉网络组织理论、网络特征理论、资源理论、企业生命周期理论，将这些理论概括填入表3-20-3中，团队成员间相互学习、补充、完善相关理论。

表 3-20-3　相关理论总结

网络组织理论	
什么是网络组织	
网络组织的特点	
网络特征理论	
什么是网络规模	
什么是网络强度	
什么是网络异质性	
资源理论	
通用性创新资源的作用	
专用性创新资源的作用	
多样性创新资源的作用	
企业生命周期理论	
初成长期的特点	
高成长期的特点	
再成长期的特点	

3. 撰写分析文档

云计算网络特征。云计算中的组织模式构成云计算网络，它也是一种网络组织。运用网络特征理论分析公众云、行业云、社区云、开放式私有云的规模、强度、异质性。

（1）本团队通过分析四种典型云计算网络特征，形成了表3-20-4中结论，其中“+”代表相对程度高或者大，“–”代表相对程度低或小。

表 3-20-4　四种典型云计算网络特征结论

种类	网络组织结构	规模	强度	异质性
社区云	紧密型网状结构			
行业云	多核星形结构			
公众云	松散型网状结构			
开放式私有云	单核星形结构			

（2）本团队得到上述结论的理由是：

云计算网络中的创新资源。不同的云计算网络蕴含着不同的创新资源，这些资源是上云企业发展中的必需品，在了解不同资源作用的基础上，分析不同云计算网络的创新资源分布情况。

（3）本团队通过分析四种典型云计算网络的资源情况，形成了表3-20-5中结论，其中“+”代表相对程度高或者大，“–”代表相对程度低或小。

表 3-20-5　四种典型云计算网络的资源分布结论

种类	网络组织结构	通用性创新资源	专用性创新资源	多样性创新资源
社区云	紧密型网状结构			
行业云	多核星形结构			
公众云	松散型网状结构			
开放式私有云	单核星形结构			

（4）本团队得到上述结论的理由是：

不同发展阶段下的企业上云选择。根据企业生命周期理论并结合上述分析结论，判别企业在不同发展阶段下，企业外部云资源获取的最优和次优选择。

（5）本团队结合上述分析结论，再根据企业初成长、高成长、再成长三个阶段的创新资源需求特点进行分析，形成了表3-20-6。在单元格中分别用“最优”“次优”或“留空”表示。

表 3-20-6　不同发展阶段下的企业上云选择

阶段	主要资源类型	社区云	行业云	公众云	开放式私有云
初成长期	通用性创新资源				
	专用性创新资源				
高成长期	专用性创新资源				
	多样性创新资源				
再成长期	专用性创新资源				
	多样性创新资源				

（6）本团队得到上述结论的理由是：

（7）综合以上分析，本团队认为珍岛信息技术股份有限公司现阶段应该采纳的云计算网络是：

4. 任务评价

对以上工作成果和学习效果进行评价，填写到表3-20-7中。

表 3-20-7　工作成果和学习效果评价表

评价维度	评价结论
调研团队的分工配合程度	
相关理论学习的完备性	
分析过程中逻辑的连贯性	

续表

评价维度	评价结论
分析结论的正确性	
相关过程文档的整理情况	

八、工作总结

请对本次工作进行总结，将最终结论填入下列横线处。

（1）你认为本次工作任务中决定任务成败的关键环节有哪些？

____

____

____

（2）通过对本次工作任务进行回顾，你学到了哪些知识和技能？

____

____

____

（3）通过对本次工作任务进行回顾，你有哪些工作心得和感悟？

____

____

____

重难点知识

一、云网络组织

“网络”是一个开放系统，能积极与外部实现资源交互。已有大量成果从不同的角度对网络组织进行了定义：从网络自身的功能上看，网络组织由网络成员构成，通过彼此交易的方式来完成组织使命；从物质基础和技术根本上看，网络组织是信息化平台和现代信息通信技术支撑下的一种形式，脱离了现代信息技术仅依靠网络关系将难以形成网络组织。企业在云计算和互联网信息技术相结合的背景下依靠各网络节点协同运作、互惠交易和共享资源池的方式创造价值，所以云中的组织模式属于网络组织中的一种，具有网络组织的一般特性。

二、云计算的分类

NIST（美国国家标准与技术研究所）认为云计算包括公有云、社区云、私有云和混合云四种类型，关于这四种类型的定义如表3-20-8所示。

表 3-20-8　NIST 对于云计算的划分和定义

类型	定义
公有云	公有云对一般公众或一个大型的行业公开可用，由销售云服务的组织机构所有
社区云	社区云是指一些由有着共同利益（如任务等）并打算共享基础设施的组织共同创立的云
私有云	私有云是为一个用户、机构单独使用而构建，可以由该用户、机构或第三方管理
混合云	混合云由两个或两个以上的云（私有云、社区云、公有云）组成，各自独立，但通过标准化技术或专有技术绑定在一起，云之间实现了数据和应用程序的可移植性

如果考虑应用和数据，可将公有云分为公众云和行业云，公众云可以理解为公众使用的云平台，特点是提供通用性的服务，服务对象无确定的边界，也无核心数据；行业云由行业内某一个或某几个关键组织建立和维护，为行业内其他组织提供专用性服务，如制造云（具体见附录一，云制造介绍）、金融云等，数据主要源自这些关键组织，故拥有核心数据。社区云是多家企业或机构互联形成的资源共同体，不仅提供硬件资源也能提供其他网络资源，多为地域型的社区云（如：科技园）。私有云虽然是为企业的单独使用而构建，但有时也可根据业务需要通过多层访问控制机制向外部组织（如：重要的合作者或客户）开放部分资源，开放的程度取决于企业的意愿，因此进一步区分为封闭式私有云与开放式私有云，前者只为企业内部提供云服务（如SUN公司的专用内部云），不对外开放，后者可为企业以及其他行业内外组织（如荷兰i-Tricity公司私有云）提供服务。

三、云创新资源的分类

资源依赖理论认为，开放式环境下关键资源处在外部环境中，企业必须不断地与其他组织互动与交换以维持竞争优势，即通过外部网络关系获取创新资源是企业成长的基本动力之一，而资源获取路径越来越倾向于互联网和通信技术。信息技术的发展将使云计算、社会和互联网最终形成一个开放式的创新平台，企业等组织可以依靠这个平台实现持续创新。

云中创新资源可划分为通用性创新资源、专用性创新资源和多样性创新资源。其中，通用性创新资源能在不同类型的企业中运用，具有普遍性，为企业提供基本的软硬件保障；专用性创新资源是符合企业的经营模式并可以实现企业核心功能的资源（如：形成主要功能所需的技术、知识、设备等），专用性创新资源并非专有性资源，而是广泛地分布在本行业中，比通用性创新资源更能决定其专业化水平，专用性创新资源的积累必须以通用性创新资源的获取为前提；企业扩张过程中，还需要外部大量多功能的互补性创新资源支持，其并不局限于本行业，可界定为多样性创新资源，作为企业多样化创新活动的保证，企业必须首先拥有通用性、专用性创新资源，然后才能拓展多类别创新。

从资源的可转移性上看，在开放式创新环境里的各类资源中，首先有形资源可通过转让、租用等方式转移，其次易编码的信息和显性知识等也能够通过市场交易为主的弱关系网络来转移，而不易编码的信息、隐性知识和能力等则属于难以转移或转移成本较高的资源，所以依靠关系交易是更好的办法，关系交易普遍存在于强联系、稳定的网络中，能有效地降低交易中的不确定性和成本，企业可通过互利、信任和逃避声誉伤害等方式共享创新资源和获取收益。

四、网络特征理论

（1）网络规模。网络中大量的组织进行着资源交互，则网络规模较大，反之则较小。

（2）网络强度。若网络节点之间的业务距离或者空间距离较小，则方便企业培养共同的认同感，交流增多且彼此信任，因此网络强度较大，反之则较小。

（3）网络异质性。若网络中存在着不同行业、完全异质的单位或团体，则异质性程度相对较高，反之则较低。四类典型的云计算网络特征如图3-20-1所示。

用“单圈”表示行内组织，“双圈”为其他行业组织，“阴影”为核心组织，虚线表示地域范围，从左至右分别为公众云、行业云、社区云、开放式私有云。

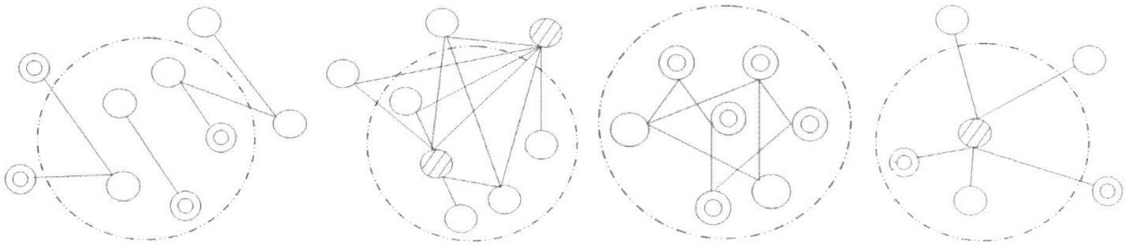

图 3-20-1　云网络组织结构和网络特征

五、企业生命周期理论

有一种理论认为，企业在成熟期可以通过一系列变革摆脱“衰退”的出现，将企业发展视为初成长、高成长、再成长三个阶段。

初成长企业关注的焦点是技术和市场，内外部资源枯竭是初成长企业夭折的主要原因之一，所以企业一方面通过自身专长努力开发专用性创新资源，一方面积极拓展其社会资本，在充分吸收外部创新资源后实施自主创新。因为资源薄弱，这个阶段主要是基础性积累和核心功能塑造，需要网络中通用性、专用性创新资源的共同支持。

高成长阶段的企业一方面吸纳行业内外的创新资源进行多角度创新，如：技术方面表现为结构性创新与模块化创新的结合；市场方面关注“非消费”以及领先客户、主流客户的多样化需求；组织上体现为流程制度创新和文化创新等，另一方面有效地使用闲置资源，将成型的创新资源输出以获得声誉、价值从而保证了网络中创新资源的聚集。创新的多维性要求高成长期创新资源应着眼于专用性创新资源与多样性创新资源两部分。

再成长阶段的企业拥有大量关键资源，并在网络中占据了中心位置，但面临着高速成长之后的创新乏力以及日益增强的管理复杂度，企业必须在原有基础上做出一系列变革以适应新经济运行规则，如：注重产品与技术上的再成长以寻求新突破，而非仅仅为了回应竞争对手或保持现有市场采取被动式的创新；通过流程的再成长来提高结构或制度上的灵活性，以及利用资源杠杆调配网络内的“游戏规则”来获得更多的定制资源，同时也将部分所持有的技术向外输出以提高网络质量等。可见，企业的再成长仍要求专用性与多样性创新资源的供给。

知识链接
请扫码查看学习资料

第二部分

应用云计算完成相关工作

对学习者的意义

企业上云中的服务模式与网络模式选择属于宏观规划与决策的范畴，应用云计算完成相关工作则属于微观工作场景范畴。

云计算的应用面十分广泛，本部分将选择三个典型的工作场景予以说明，内容涉及运用IaaS完成基础设施部署，运用aPaaS完成零代码应用开发，运用SaaS完成数据分析处理。实际上这三点也对应了传统模式中的硬件部署、软件开发、软件应用三大内容。

学习活动二十一

运用华为云IaaS完成基础设施部署

一、情境描述

IaaS与传统的主机托管有相似之处，但是在服务的灵活性、扩展性等方面IaaS具有很强的优势。珍岛信息技术股份有限公司希望运用IaaS部署服务器，从而避免购置大量硬件带来的成本耗损、资源闲置和基础设施托管费用上升的问题。经过讨论，决定采用华为弹性云服务器 ECS，它的优势是成本低，租得的基础设施也可以根据需求伸缩，创建时间短，易于操作。那么，如何购置并登录华为弹性云服务器 ECS呢？

请你模拟租用华为云服务器 ECS以获得服务，学习IaaS的应用。

二、工作目标

1. 依托华为云部署云服务器，熟悉操作过程
2. 在部署过程中完成相关参数设置
3. 部署完成后了解如何登录服务器

三、能力目标

1. 了解IaaS，实现服务器上云的能力
2. 部署云服务器的能力
3. 灵活地租用IT硬件资源的能力

四、素质目标

1. 运用前沿和先进生产工具的意识
2. 树立效率和成本意识，倡导资源节约

五、工作步骤

工作步骤及要求如表3-21-1所示。

表 3-21-1　工作步骤及要求

序号	工作步骤	要求	备注
1	工作准备	了解云计算的架构和IaaS的主要功能；了解计算机硬件中的相关知识，包括CPU、存储、网络、服务器等相关内容	
2	工作实施	须要撰写四个文档： 文档一：撰写基础配置文档，包括选择计费模式、区域、云服务器类型、vCPU、内存、镜像、磁盘容量 文档二：撰写网络配置文档，包括虚拟私有云、网卡、安全组、弹性IP、带宽、网络计费方式 文档三：撰写高级配置文档，包括云服务器名称、登录凭证、自动备份、购买数量，购买时长、确认配置 文档四：撰写登录服务器文档，运用控制台远程登录方式	登录华为云操作，网址：https://activity.huaweicloud.com/
3	工作结束	整理过程文档等工作文件；对学习活动效果进行评价	

六、工作要求

（1）组建工作团队，进行任务分工，建议4～6人。

（2）熟悉部署华为弹性云服务器 ECS过程中各个步骤的作用和功能。

（3）部署华为弹性云服务器 ECS过程中，注意区分必选参数、可选参数、默认参数。

（4）部署完毕后，团队成员互相交流，分享部署云服务器的心得体会。

七、工作成果

1. 入口

单击“注册”，根据提示信息完成注册。注册成功后，系统会自动跳转至个人信息界面进行实名认证。注册和登录华为云后，通过以下路径进入弹性云服务器购买页面。

2. 撰写任务文档

基础配置。该部分是配置云服务器的第一步，目的是配置基本的vCPU、存储等资源，同时应从两种付费模式中选择其中一种。

（1）在基础配置过程中，请将自己所选的配置参数填入表3-21-2。

表 3-21-2　基础配置表

参数名称	你选择的配置
计费模式	
区域	
可用区	
云服务器类型	
vCPU、内存	
镜像	
系统盘	
数据盘	

网络配置。该部分主要配置弹性IP、带宽以及网络计费方式。本部分存在部分默认配置，首次购买弹性云服务器时，不需要对其进行更改。

（2）在网络配置过程中，请将自己所选的配置参数填入表3-21-3。

表 3-21-3　网络配置表

参数名称	你选择的配置
虚拟私有云	
网卡	
安全组	
弹性IP	
带宽	
网络计费方式	

高级配置。该部分主要是自定义云服务器名称和数量，登录方式选择以及对云备份内容的相关设置。

（3）在高级配置过程中，请将自己所选的配置参数填入表3-21-4。

表 3-21-4　高级配置表

参数名称	你选择的配置
云服务器名称	
登录方式	
自动备份设置	
购买数量	
购买时长	
是否确认配置	

登录服务器。使用控制台提供的远程登录方式登录服务器。登录成功后，运行概览栏将显示连接状态、运行状态、CPU使用率、带宽使用率以及登录名、ID、云服务器名、弹性公网IP等信息。

（4）登录自己购买的云服务器的步骤是：

______

______

______

（5）本次配置总费用为：

______

4．任务评价

对以上工作成果和学习效果进行评价，填入表3-21-5。

表 3-21-5　工作成果和学习效果评价表

评价维度	评价结论
能否顺利注册和登录	
云服务器的配置过程是否全面	
对云服务器配置中相关参数的了解情况	
是否熟悉登录方式	
团队成员支持和交流情况	

八、工作总结

请对本次工作进行总结，将最终结论填入下列横线处。

（1）你认为本次工作任务中决定任务成败关键环节有哪些？

（2）通过对本次工作任务进行回顾，你学到了哪些知识和技能？

（3）通过对本次工作任务进行回顾，你有哪些工作心得和感悟？

重难点知识

一、运用IaaS的相关知识

出租的物理服务器和虚拟机统称为主机，云服务提供商如何对外出租主机呢？或者是租户如何使用这些租来的主机呢？相对于租户来说，这些主机不在现场而在“远方”，租赁之后并不是把这些主机从云端搬到租户的办公室来使用。

出租前后主机的物理位置并没有改变，租户仍然是通过网络使用这些云端主机。租户登录云服务提供商的网站，填写并提交主机配置（如需要多少个 CPU、多少内存、多少网络带宽等）表后付款，云服务提供商向租户派发账号和密码，最后租户以此账号和密码登录云端的自助网站。

在这里，租户可以管理自己的主机：启动和关闭机器、安装操作系统、安装和配置数据库、安装应用软件等。对于租来的主机，租户只关心计算资源（CPU、内存、硬盘）的容量是否与“租赁合同”上标注的一致，就像租赁同一层楼上的一间房间一样，租户只关心面积是否足够，而不关心房间的墙壁是钢筋水泥结构还是砖块石灰结构。

二、弹性云服务器是什么

弹性云服务器（Elastic Cloud Server，ECS）是由CPU、内存、操作系统、云硬盘组成的基础的计算组件。弹性云服务器创建成功后，用户可以像使用自己的本地PC或物理服务器一样，在云上使用弹性云服务器。弹性云服务器的开通是自助完成的，用户只需要指定CPU、内存、操作系统、规格、登录鉴权方式即可，同时也可以根据用户的需求随时调整弹性云服务器的规格，从而使用户获得可靠、安全、灵活、高效的计算环境。

三、参数解释

1．计费模式

按需计费：按需付费是后付费方式，系统会根据云服务器的实际使用情况每小时出账单，并从账户余额里扣款。

包年/包月计费：包年/包月的购买方式也称为包周期购买方式，是一种预付费的购买方式，按订单的购买周期计费。

2．可用区

可用区（AZ）是在同一区域下，电力、网络隔离的物理区域，可用区之间内网互通，不同可用区之间物理隔离。一个区域内有多个可用区，一个可用区发生故障后不会影响同一区域内的其他可用区。同一个区域下的不同可用区内网互通，可以内网互相访问，不同区域的可用区网络不通，但可以绑定弹性公网IP通过外网互相访问。是否将资源放在同一可用区内，主要取决于用户对容灾能力和网络时延的要求。如果用户的应用需要较高的容灾能力，可将资源部署在同一区域的不同可用区内。如果用户的应用要求实例之间的网络延时较低，则应将资源创建在同一可用区内。

3．vCPU

vCPU即电脑中的虚拟处理器，相对于物理硬件CPU而言，虚拟机内的CPU。云服务器中的“几核”说的是vCPU个数，即逻辑处理器个数，1核就是一个超线程，即1vCPU，只是提供一个超线程，2核就是2vCPU，并不是指2个物理CPU，因为1个物理CPU可以虚拟出多个vCPU。1vCPU只是在物理CPU上虚拟出的1个超线程，而超线程是指把一个物理核心虚拟成多个，这样就可以同时处理多个任务。

4．什么是镜像

镜像是一个包含了软件及必要配置的云服务器模板，包含操作系统或业务数据，还可以包含应用软件（例如，数据库软件）和私有软件。镜像分为公共镜像、私有镜像、共享镜像、市场镜像。公共镜像是包含常见的标准操作系统的镜像，所有用户可见，包括操作系统以及预装的公共应用；私有镜像包含操作系统或业务数据、预装的公共应用以及用户的私有应用的镜像，仅用户个人可见。

5．虚拟私有云

虚拟私有云（VPC）为弹性云服务器构建隔离的、用户自主配置和管理的虚拟网络环境，可以在VPC中定义安全组、VPN、IP地址段、带宽等网络特性，方便管理、配置内部网络，进行安全、快捷的网络变更，提升用户云上资源的安全性，简化用户的网络部署。

6．网卡

网卡是可以绑定到虚拟私有云网络下弹性云服务器上的虚拟网卡。通过网卡，用户能实现云服务器的网络管理。网卡分为主网卡和扩展网卡。主网卡：创建云服务器时，随云服务器自动创建的网卡。主网卡用于系统的默认路由，不允许删除。扩展网卡：可以单独创建的网卡，并支持将其绑定到实例上或从实例上解绑等操作。

7．安全组

安全组类似防火墙功能，是一个逻辑上的分组，用于设置网络访问控制。用户可以在安全组中定义各种访问规则，当云服务器加入该安全组后，即受到这些访问规则的保护。

8．弹性公网IP

弹性公网IP为云服务器提供访问外网的能力，可以灵活绑定及解绑，随时修改带宽。未绑定弹性公网IP的云服务器无法直接访问外网，无法直接对外进行互相通信。一个弹性公网IP只能给一个ECS使用，不可以跨区域或跨账号使用，弹性公网IP和云服务器必须在同一个区域。

9．网络计费

按带宽计费。带宽是指在单位时间内从网络的一点到另一点能够传输的最大数据量。按带宽计费适用于访问流量大、访问量稳定的场景。

按流量计费。流量是指服务器使用过程中产生的出网流量。按流量计费适用于访问流量低、访问量波动较大的场景。选择按流量计费时，可设置一个带宽上限，带宽上限可控制突发大流量，对于网络单价无影响。

10．云备份

使用云备份服务，需购买备份存储库，存储库是存放服务器产生的备份副本的容器。存储库购买成功后，系统会将弹性云服务器绑定至存储库并绑定所选备份策略，定期备份弹性云服务器。

四、操作步骤

1．基础配置

按自身需求设置基础配置的相关参数，详情请见“三、参数解释”。图3-21-1为基础配置面板（部分）。

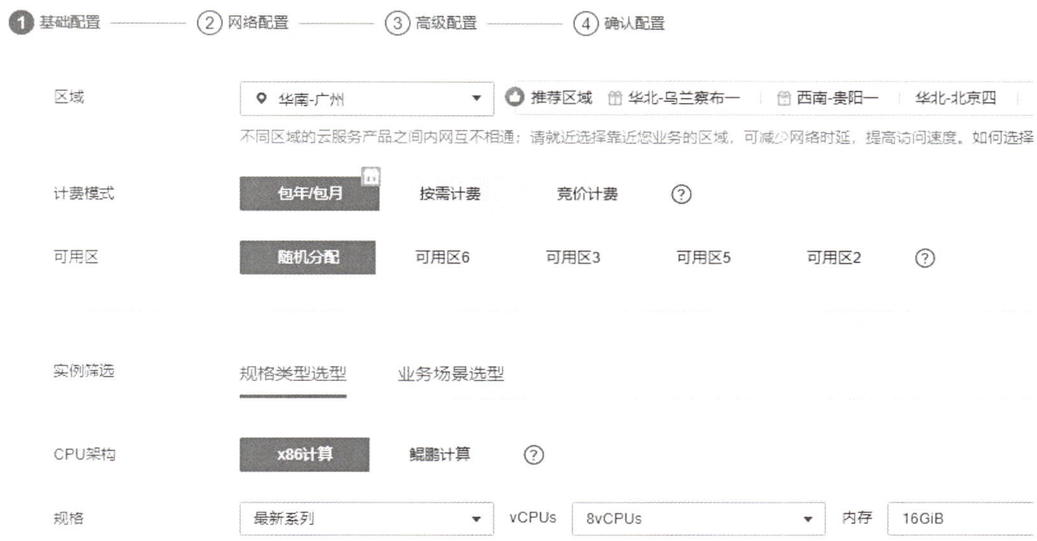

图 3-21-1　基础配置面板

2．网络配置

按自身需求设置网络配置的相关参数。图3-21-2为网络配置面板（部分）。

图 3-21-2　网络配置面板

3．高级配置

按自身需求设置高级配置的相关参数。图3-21-3为高级配置面板（部分）。

4．确认配置

对以上配置进行确认，勾选相关协议。

图 3-21-3　高级配置面板

学习活动二十二

运用简道云aPaaS完成零代码应用开发

一、情境描述

传统的应用程序往往需要很高的开发成本、维护成本和修复成本，企业需要有掌握编码的开发人员，提高了应用开发与维护的壁垒。珍岛信息技术股份有限公司希望在轻量级应用开发中运用aPaaS平台实施零代码开发，以降低软件开发周期，提高效率，实现非计算机专业人员也可以搭建应用的目标。因此该公司对几种零代码平台经过比较后决定采用简道云aPaaS系统，它的优势主要是面向表单和流程，具有扩展性高、数据联通等特点，可以快速部署和交付应用，从而满足公司管理中不同的场景需求。

无代码编程技术是未来应用开发的趋势之一，也是企业管理人员应当掌握的一项先进技术。请你运用简道云aPaaS平台完成面向多用户的应用开发。

二、工作目标

1. 熟悉简道云aPaaS零代码应用开发平台
2. 运用简道云aPaaS开发第一个应用——请假管理
3. 运用简道云aPaaS开发第二个应用——招聘管理
4. 运用简道云aPaaS开发第三个应用——销售管理

三、能力目标

1. 制作普通表单与流程表单的能力
2. 结合场景需求设计业务流程的能力
3. 面向多用户交互流程，开发轻量级应用的能力
4. 运用零代码编程平台的能力

四、素质目标

1．对于新工具、新方法、新理念的探索精神

2．感受和共享当代中国软件开发领域的发展成果，掌握前沿技术

五、工作步骤

工作步骤及要求如表3-22-1所示。

表 3-22-1　工作步骤及要求

序号	工作步骤	要求	备注
1	工作准备	了解aPaaS的含义，以及零代码编程平台的价值、意义和目前市面上典型的零代码编程平台	
2	工作实施	须要撰写一个文档和开发三个应用： 文档：熟悉简道云aPaaS平台。熟悉简道云aPaaS的基本功能、主界面、开发界面、开发模式 应用一：应用简道云aPaaS开发请假管理应用。先在系统中建立任务组织（团队），然后实现请假申请、审批、留底三项功能 应用二：应用简道云aPaaS开发招聘管理应用。实现岗位信息管理、招聘需求管理、招聘面试管理三项功能 应用三：应用简道云aPaaS开发销售管理应用。实现商品信息输入、商品销售管理两项功能	开发面向多用户交互的应用
3	工作结束	保存应用，截图作为任务佐证；整理相关文档；总结应用开发流程	

六、工作要求

（1）组建工作团队，进行任务分工，建议4～6人。

（2）团队成员需要注册简道云aPaaS，保存好自己的账号和密码。

（3）在解决问题过程中，不同的团队有不同的思路和解决方式，需要成员共同商讨、决策。

（4）对于表单的设计需要认真细致，对于流程的设计需要健全、通畅。

七、工作成果

1．了解aPaaS的主要特点和功能

调研市面上较为典型的零代码开发平台，对相关平台的侧重点进行介绍。结合学习成果填写表3-22-2。

表 3-22-2 关于市面上典型零代码开发平台的学习收获

aPaaS学习总结	
详细介绍什么是aPaaS	
aPaaS的特点有哪些	
零代码开发平台的价值和功能有哪些	
市面上典型零代码开发平台介绍	
典型零代码开发平台名称	典型零代码开发平台的特点
……	

2. 撰写任务文档和设计应用

撰写“熟悉简道云aPaaS平台”文档，回答简道云aPaaS包括哪些基本功能，它的主界面和开发界面中有哪几个模块，它的开发模式遵循的基本思路是什么。

（1）本团队认为简道云aPaaS包括的基本功能有以下几点。

（2）本团队通过观察发现，简道云aPaaS的主界面包括以下几个模块。

（3）本团队通过观察发现，简道云aPaaS的开发界面包括以下几个模块。

（4）本团队经过总结后认为，简道云aPaaS开发模式遵循的基本思路是：

应用简道云aPaaS开发请假管理应用。首先要在简道云aPaaS中创立任务组织（团队），即将相关团队成员添加至一个系统集合中进行管理，为之后应用中成员的交互打下基础。

（5）本团队在简道云aPaaS中创立任务组织（团队）的方式是：

____

____

____

指定团队成员担任的角色，实现以下功能：组织成员提交请假申请，部门主管进行审批，审批不通过则结束流程，审核通过则以抄送的形式保存记录。

（6）本团队的设计过程如下（包括表单结构设计、表单权发布设计、流程设计）。

____

____

____

应用简道云aPaaS开发招聘管理应用。指定团队成员担任的角色，实现以下功能：组织中指定某位员工填报岗位信息表，主管可以管理岗位信息表；指定某位员工填写招聘需求表，主管和该员工可以查看岗位信息表，并由主管对该表进行管理；指定某位员工发起招聘面试流程，首先该员工对招聘简历进行初步处理，通过后交由部门面试官（主管）处理，面试官处理后再转由该员工确认信息，对面试成功的应聘者，抄送其面试流程一份以留底。

（7）本团队的设计过程如下（包括表单结构设计、表单权发布设计、流程设计）。

____

____

____

应用简道云aPaaS开发销售管理应用。指定团队成员担任的角色，实现以下功能：组织中指定某位员工A填报商品信息输入表，主管和员工A可以查看商品信息输入表，并由主管对该表进行管理；指定另一名员工B填写商品销售表，由主管对该表进行管理，员工B仅填写每一种商品销售的数量，根据商品信息输入表中的商品单价，由系统自动计算每一种商品的销售金额，同时自动计算所有销售商品的总销售额，员工B将商品销售表提交给主管审核，主管审核不通过则退回该表，若审核通过则抄送一份以保存。

（8）本团队的设计过程如下（包括表单结构设计、表单权发布设计、流程设计）。

____

____

____

3．任务评价

对以上工作成果和学习效果进行评价，填入表3-22-3。

表 3-22-3　工作成果和学习效果评价表

评价维度	评价结论
对简道云的应用开发界面熟悉程度	
对简道云的应用开发模式熟悉程度	
设计应用过程中团队成员的参与情况	
相关应用的运行是否顺畅	
应用是否能实现团队成员交互	
应用中的数据自动计算是否准确	
应用中的流程设计是否完备	
能否实现历史查询	

八、工作总结

请对本次工作进行总结，将最终结论填入下列横线处。

（1）你认为本次工作任务中决定任务成败的关键环节有哪些？

（2）通过对本次工作任务进行回顾，你学到了哪些知识和技能？

（3）通过对本次工作任务进行回顾，你有哪些工作心得和感悟？

重难点知识

一、简道云aPaaS相关介绍

简道云是一款零代码、轻量级的应用搭建平台，提供了丰富的表单、流程、仪表盘等核心功能，使用者无须代码基础即可像搭建积木一样快速搭建出符合需求的个性化管理应用。从简单的问卷调查、报名签到到复杂的人事行政、仓储管理、销售管理、财务管理、采购管理、资产管理、物流管理等企业运营，简道云都可以满足需求。

1. 简道云中的应用

在简道云中，应用就如同一个篮子，里面装着表单、流程、仪表盘等核心功能。

2. 简道云中的表单

表单是简道云中的基础工具，用来进行数据的填报和采集。普通表单用于填报和收集数据，并且可以对收集到的数据进行分权协作；流程表单由用户发起申请，可以让数据自下而上层层流转，逐级审批。

3. 简道云中的流程

流程，即数据自下而上流转的一个过程，数据流转过程中，需要多方参与且按照一定顺序提交数据，对数据进行协作审批。配置流程有四个步骤：创建并配置流程表单，设计流程，配置节点属性，启用流程。

4. 简道云中的权限

厘清使用系统的成员和对应的权限，主要分为数据权限和流程权限。数据权限包括提交、查看、编辑表单数据和查看数据。流程权限包括流程审批、抄送。

二、简道云的应用开发模式

简道云的应用开发模式包含三大模块，即基础数据模块、业务操作模块（包括数据收集、流程审批、数据加工）和数据分析模块。具体如图3-22-1所示。

举例说明：疫情管理应用开发中，基础数据模块包含通讯录、员工基本信息等；业务操作模块包含员工动向登记、体温上报、疫情上报等；数据分析模块包含员工动向统计、体温数据统计等。

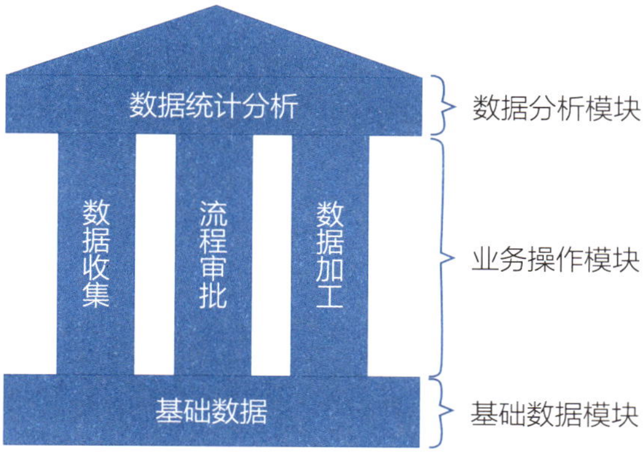

图 3-22-1　简道云应用开发模式

三、应用设计步骤

1. 应用一：请假管理

第一步，管理员登录简道云aPaaS，运用通讯录功能创建任务组织（团队），该步骤适用于简道云中任何应用。

第二步，创建一个新的应用，命名为请假管理，设置应用图标。

第三步，创建普通表单，命名为员工基础信息表，运用字段控件设计员工基础信息表，包括员工姓名、性别、生日、手机号码等，同时设置字段属性。

第四步，创建流程表单，命名为员工请假流程表，添加员工姓名、开始日期、结束日期、请假天数、请假原因、是否同意请假等内容，设置各字段的属性。

第五步，在员工请假表中设定流程，包括员工发起申请、部门主管审批、抄送和结束流程，设置每一个节点的节点属性和流程属性，启用流程。

第六步，在员工请假表中设定表单发布，设置相关人员发起流程、管理流程和查看流程。

第七步，执行应用，多方登录进行测试后修改或保存应用。

请假管理应用界面如图3-22-2所示。员工请假流程设计如图3-22-3所示。

2. 应用二：招聘管理

第一步，创建一个新的应用，命名为招聘管理，设置应用图标（建议和已开发应用使用的图标有所区别）。

第二步，创建普通表单，命名为岗位信息表，运用字段控件设计岗位信息，包括岗位名称、部门、工作地点、岗位描述、岗位要求等，同时设置字段属性。对岗位信息表的发布功能进行设置，指定一名员工录入岗位信息以及一名主管管理岗位信息。

第三步，创建流程表单（也可以创建普通表单），命名为招聘需求表，添加申请

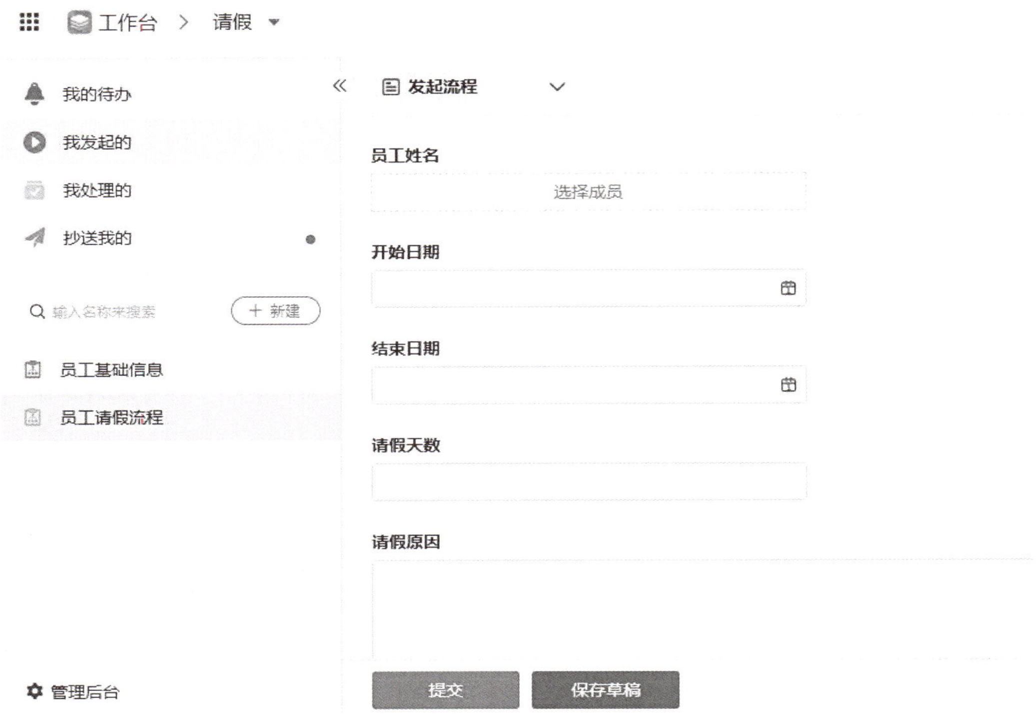

图 3-22-2　请假管理应用界面

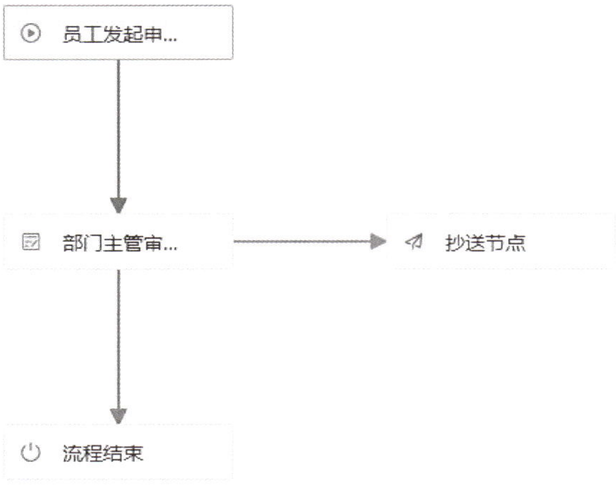

图 3-22-3　员工请假流程设计

日期、申请人、需求部门、招聘人数、需求岗位、岗位职责，设置各字段的属性（其中需求岗位字段可以采用数据联动）。对招聘需求表的发布功能进行设置，指定相关人员发起、管理和查看流程。

第四步，创建流程表单，命名为招聘面试表，添加应聘岗位、姓名、性别、出生年月、学历、籍贯、专业、是否推荐，设置各字段的属性（其中应聘岗位可以关联招聘需求表中的数据）。

第五步，在招聘面试表中设定流程，包括简历投递、HR初步处理、部门面试官处理、HR确认简历、抄送和结束流程，设置每一个节点的节点属性和流程属性，启用流程。

第六步，在招聘面试表中设定表单发布，设置相关人员发起流程、管理流程和查看流程。

第七步，执行应用，多方登录进行测试后修改或保存应用。

招聘管理应用界面如图3-22-4所示。招聘面试流程设计如图3-22-5所示。

3．应用三：销售管理

第一步，创建一个新的应用，命名为销售管理。

第二步，创建普通表单，命名为商品信息输入表，运用字段控件设计岗位信息，包括商品编号、商品名称、商品单价、产地、商品描述等，同时设置字段属性。对商品信息输入表的发布功能进行设置，指定一名员工录入商品信息以及一名主管管理商品信息。

第三步，创建流程表单，命名为商品销售表，添加销售额表、汇总审核，设置各字段的属性［其中销售额表为增强字段中的子表单，在销售金额中编辑公式：PRODUCT（销售额表．单价，销售额表．数量）；汇总表中编辑公式：SUM（销售额表．销售金额）］。

图 3-22-4　招聘管理应用界面

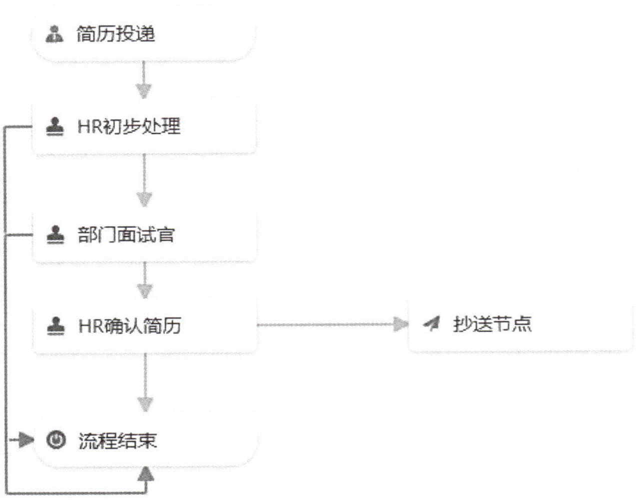

图 3-22-5　招聘面试流程设计

第四步，在商品销售表中设定流程，包括录入销售额、管理员审批、抄送和结束流程，设置每一个节点的节点属性和流程属性，启用流程。

第五步，在商品销售表中设定表单发布，设置相关人员发起流程、管理流程。

第六步，执行应用，多方登录进行测试后修改或保存应用。

销售管理应用界面如图3-22-6所示。商品销售管理流程设计如图3-22-7所示。

图 3-22-6　销售管理应用界面

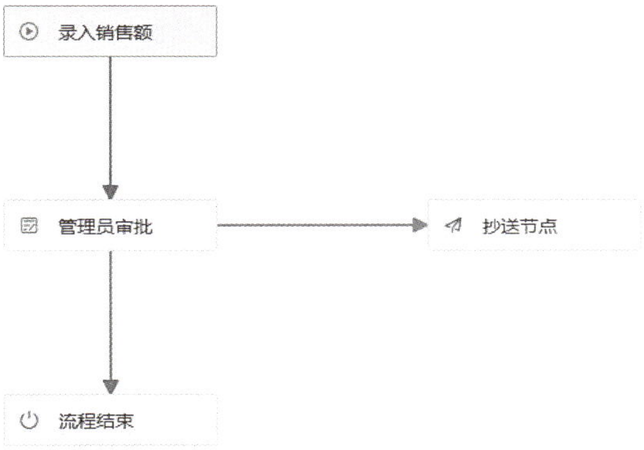

图 3-22-7 商品销售管理流程设计

知识链接
请扫码查看学习资料

知识链接
请扫码查看学习资料

知识链接
请扫码查看学习资料

学习活动二十三

运用九数云SaaS完成线上数据处理

一、情境描述

云SaaS软件多种多样，作为其中最典型的一种应用，数据分析是实现管理科学化、统计、参与决策的有效手段。传统的数据分析过程中，往往需要先安装数据分析软件，再经过大量的学习培训熟悉软件，实际上增加了一定的时间成本和人力成本。珍岛信息技术股份有限公司希望利用数据分析类SaaS系统快速实现数据分析，以在线处理数据的方式完成相关统计，以便捷的手段搭建图表实施动态数据可视化，同时减少培训和应用软件购买费用，因此，拟选用九数云作为任务突破口。在九数云中，无须任何代码基础，就能形成符合业务需求的图表、仪表盘，提高了工作效率。

数据分析技能是企业管理人员必须掌握的核心技能之一。请你运用九数云SaaS系统完成数据分析任务。

二、工作目标

1. 熟悉九数云SaaS系统的操作界面
2. 在九数云中导入用户访问数据表（Excel表），并使用分类汇总功能完成统计
3. 运用九数云中的图表功能将统计数据以图表的方式展示
4. 运用九数云中的仪表盘实现动态可视化效果

三、素质目标

1. 掌握线上数据处理分析的能力
2. 运用九数云实现数据动态可视化的能力
3. 用数据分析结果辅助决策的能力
4. 撰写数据分析报告的能力

四、素质目标

1. 结合数字化人才定位，培育数字化理念、提升职业素养

2. 掌握云上数据分析技术，以成果为导向，倡导细化思维，耐心、细致地解决问题理念和责任意识。

五、工作步骤

工作步骤及要求如表3-23-1所示。

表 3-23-1　工作步骤及要求

序号	工作步骤	要求	备注
1	工作准备	了解SaaS的含义，了解数据处理分析的重要价值，了解九数云的基本功能，注册九数云账号	
2	工作实施	需要完成一个数据分析任务和撰写一个报告文档： 数据分析任务：结合原始数据表，针对A、B、C三类产品，分析30～40岁客户的平均年龄、性别情况，同时分析40～50岁客户的访问时长、产品关注来源情况 报告文档：结合任务，撰写数据分析报告	
3	工作结束	保存任务，截图作为分析佐证；整理分析文档	

六、工作要求

1. 组建工作团队，进行任务分工，建议4～6人。

2. 熟悉九数云中数据处理、图表、仪表盘几大功能模块。

3. 制作图表过程中并不限定只能采用某一种图表，可以根据设计理念自行选择。

4. 在仪表盘设计过程中，注意筛选器的设置方法。

七、工作成果

1. 数据清洗和预处理

数据清洗和预处理是指运用相关的工具对原始数据表中的脏数据进行剔除，并将相关内容转化为数值型数据以便于后续统计。请描述团队对原始数据进行清洗和预处理的方法。

2．实施数据分析和撰写报告

数据分析任务。上传Excel原始表，即在九数云中导入原始数据并命名表单。

（1）本团队导入原始数据的操作过程是：

（2）导入原始数据后截图、打印并粘贴如下。

对数据进行分类汇总，按产品ID号实施分类以实现面向指定字段的自动求和、求平均、求中位数等功能，最后对分类汇总表单进行命名。

（3）本团队对数据进行分类汇总的操作过程是：

（4）分类汇总完成后对分类汇总表截图、打印并粘贴如下。

对分类汇总数据进行图表展示，运用九数云提供的图表模板，制作所需的图表，图表类型可根据团队喜好进行选择。本任务中涉及两个子内容，即分析30～40岁客户的平均年龄、性别情况，分析40～50岁客户的访问时长、产品关注来源情况，因此需要进行两次图表操作。操作完毕后命名图表。

（5）针对分类汇总数据，本团队制作图表的流程是：

（6）相关图表展示效果截图、打印并粘贴如下。

（7）通过观察该图表，本团队获得的数据结论是：

在九数云中创建仪表盘，仪表盘可用来展示所制作的图表，同时应用筛选器对数据进行控制，结合任务要求调试筛选器，观察数据分析结果。

（8）本团队制作仪表盘的过程如下。

（9）仪表盘展示效果截图、打印并粘贴如下。

结合图表与仪表盘的可视化结果，形成数据分析报告，数据分析报告三要分为两部分：第一部分是对数据处理和分析结果进行描述；第二部分是基于上述结果应该如何进行决策。

（10）本团队对数据处理和分析的结果描述如下。

（11）基于以上数据分析的结果，本团队认为：

3．任务评价

对以上工作成果和学习效果进行评价，填入表3-23-2。

表 3-23-2　工作成果和学习效果评价表

评价维度	评价结论
对SaaS的了解情况	
数据清洗和预处理情况	
对九数云平台操作的熟悉程度	
数据处理过程中团队成员的参与情况	

续表

评价维度	评价结论
数据分析结果是否正确	
数据分析图表的展示效果是否清晰	
仪表盘能否实现动态数据可视化展示	
数据分析报告情况	

八、工作总结

请对本次工作进行总结，将最终结论填入下列横线处。

（1）你认为本次工作任务中决定任务成败的关键环节有哪些？

（2）通过对本次工作任务进行回顾，你学到了哪些知识和技能？

（3）通过对本次工作任务进行回顾，你有哪些工作心得和感悟？

重难点知识

一、SaaS软件

SaaS软件的优势集中体现为低成本、快速上手两方面。SaaS是云服务，无须进行本地部署，只要能连接互联网就能使用，这比传统软件节约了前期成本和准备时间。

SaaS作为标准化产品大都简单易用，员工使用前需要简单培训即可，重点是要养成使用习惯，才能系统地提升效率。

SaaS软件一般实施按月或按年的收费方式（也有SaaS软件提供了一部分具有吸引力的免费服务内容），为客户节约成本，无须前期大量投入资金，即可享受服务，降低了企业使用数字化服务的门槛。

SaaS软件更新很快，客户可以持续用到最新版本的系统。SaaS厂商总是把那些具有共性的需求完善到新版本中，这样众多企业的需求无形中便得到了满足。

市面上有许许多多的SaaS产品，较为典型的包括：企业即时通信（IM）、OA协同领域的钉钉、企业微信等；CRM领域的纷享销客等；人力资源领域的北森；数据分析领域的九数云、神策数据；ERP进销存领域的金蝶云·星辰，等等。

二、数据分析和数据分析软件

数据分析是指用适当的统计分析方法对所收集来的大量数据进行分析，提取有用信息，从而形成结论并对数据实施更为详细的研究和概括总结。因此数据分析的目的就是把隐藏在大批杂乱无章数据中的信息集中、萃取和提炼出来，以便找出所研究对象的内在规律。

对企业管理而言，只有掌握数据收集和分析的有效方法，并不间断地对企业研发、生产、运营、市场运作和竞争对手等各方面进行分析，才能发现变化规律，明确行动导向，制定出有效的企业战略，使企业的决策更加科学。因此，对于经管类专业学生而言，数据分析尤为重要。

目前较为流行的数据处理和分析工具包括：Tableau、PowerBI、FineBI等。Tableau更倾向于强大的数据可视化能力，界面清新简洁，使用简单，但对个人不提供免费服务；PowerBI更倾向于数据挖掘与数据建模，在学习上相对较难，需要有DAX基础；FineBI是一款国产化软件，更倾向于数据分析，FineBI对个人免费，能够快速入手。

三、数据分析任务完成步骤

第一步，点击创建按钮，创建一个分析表，按提示导入Excel表原始数据，对sheet进行选择后单击确定按钮，显示Excel上传成功，即导入了相关数据，如图3-23-1所示。

第二步，将所有字段选中，然后在“选字段”下单击分类汇总选项，即进入分类汇总界面。

用户消费数据
由 帆软用户3fsSGZ6RQj 创建于 2022/10/30 21:55:52
导出 进入数据源 创建分析表 编辑
数据预览 图表展示 血缘视图
最近更新时间：2022/10/30 21:55:55

T 产品_ID	T 市	T 省份	# 性别	T 用户ID	# 年龄
A1214647	青岛市	山东	2	3419050463952380	56
A1214647	石家庄市	河北	1	3419050463961440	43
A1214647	济南市	山东	2	3419050463962950	45
A1214647	济南市	山东	2	3419050501330370	31
A1214647	郑州市	河南	1	3419050501348830	20
B1189359	大连市	辽宁	1	3419050501352760	52
B1189359	大连市	辽宁	2	3419050501353000	50
B1189359	济南市	山东	1	3419050501361570	48

图 3-23-1　导入数据至九数云

第三步，将相应的字段拖入至右边的方框中：首先将产品_ID字段置于右边的分类框（即将产品_ID作为一个分类标识），然后将性别、年龄、获利、访问时长、受教育程度、工作状态、关注来源等字段拖入汇总框，并选择相应的计算方式，如平均值、求和、中位数等。分类汇总表将完成自动计算，如图3-23-2所示。

第四步，单击图表按钮进入图表功能框，开始制作第一个图表。先将指标栏清空，再将年龄平均值和性别平均值拖入指标栏，在图表类型框中选择用“饼图”展示不同产品下的年龄、性别构成情况。类似的制作第二个图表，选择用“饼图”展示不同产品下的访问时长、关注来源情况。

第五步，回到主界面，单击创建按钮，创建一个仪表盘，将制作好的两张饼图拖入空白仪表盘中。

第六步，单击筛选器按钮，此处在数值面板中选择“范围滑块”，将其拖入仪表盘。

第七步，绑定筛选字段，按照年龄字段绑定。单击确定按钮即完成绑定，当拖动滑块时，图表中的数值将产生动态变化。

按产品ID分析表
由 帆软用户3fsSGZ6RQj 创建于 2022/10/30 21:59:59
导出 创建分析表 编辑
数据预览 图表展示 血缘视图
最近更新时间：2022/12/30 17:20:31

T 产品_ID	# 性别平均值	# 年龄平均值	# 获利（元）求和	# 访问时长平均值	# 受教育程度平均
A1214647	1.352941176	42.529411765	9,870	10.411764706	2.1
B1189359	1.411764706	51.882352941	7,045	12.117647059	
C1S203930	1.466666667	36.666666667	6,013	12.266666667	2.2

图 3-23-2　分类汇总

第八步，将滑块的范围设置为30～40岁，可以展示三种产品用户的年龄和性别情况，将滑块范围设置为40～50岁，可以展示三种产品用户的访问时长和关注来源情况。仪表盘展示情况如图3-23-3所示。

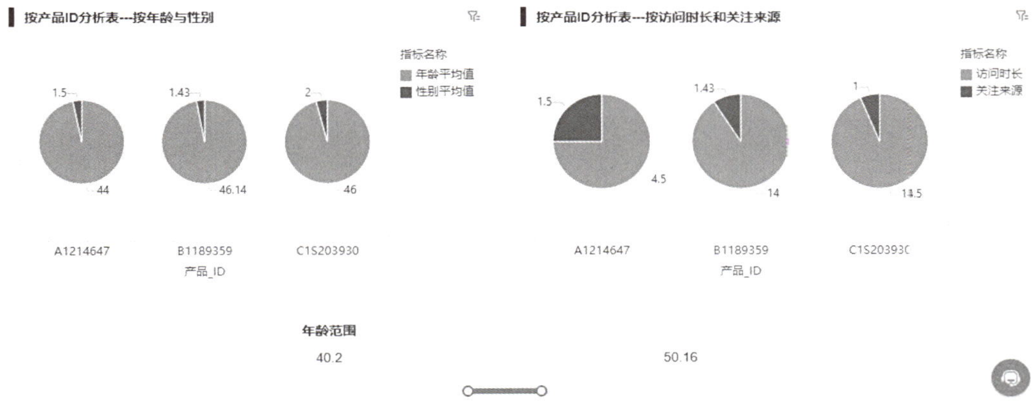

图 3-23-3　仪表盘展示

知识链接
请扫码查看学习资料

附录一

从云制造到工业互联网

对学习者的意义

制造业是实体经济发展的基础和新型现代产业的物质基石，然而在国际竞争加剧、外资企业回流、劳动力成本攀升以及原材料上涨的负面影响下，制造业利润空间被进一步压缩，传统要素驱动难以为继，因此必须将制造业作为产业数字化攻关的重点领域，将智能制造作为制造业的突破方向，依托工业技术与数字技术的结合实现制造业高质量发展。我国正积极推动云计算、大数据、人工智能与制造业深度融合，为产业转型升级和经济高质量发展打造新引擎。

附录一将云制造和工业互联网作为补充学习资料，在发展制造业进程中，二者均具有典型性与代表性。对于学习者而言，能洞察当前制造业变革的技术趋势，了解先进制造技术与信息技术融合的新途径。

一、云制造

1. 背景

云制造，由我国李伯虎院士于2009年提出并定义，是一种面向服务、高效低耗和基于知识的网络化智能制造模式。随着IT应用的无序扩张，一方面，“烟囱式”建设导致的Capex、Opex居高不下，形成了巨大的制造资源损耗，数据表明企业预算的70%都消耗在运营和维护中，且在传统模式下，制造能力不足的企业因地域、准入条件等限制难以自由接入信息化联盟，同时，定制ERP项目又因兼容性不足等问题导致成功率过低；另一方面，制造能力过剩的企业又难以开辟新的蓝海以及形成长尾经济，但个性化多样化的需求、增长的消费能力与制造资源分散的矛盾日趋升级，促使企业必须打破传统竞争思维，转向“合作协同式竞争”。基于此，云制造的产生有其重要意义，它是一个技术概念，也是一种商业概念，企业能以利益共享、风险分担的方式取得必备的制造资源，以柔性的运作方法提高反应速度和核心能力。

2．含义和特征

云制造是制造领域的云计算，因此包含了云计算的所有基本特征，但与之相比，云制造还融合了先进制造技术、嵌入式技术、物联网技术等，不仅能提供各种软性资源服务，也能通过传感器提供硬性资源服务。

云制造通过网络为制造全生命周期过程提供随时获取、按需使用、安全可靠、优质廉价的服务，如附录图1所示。

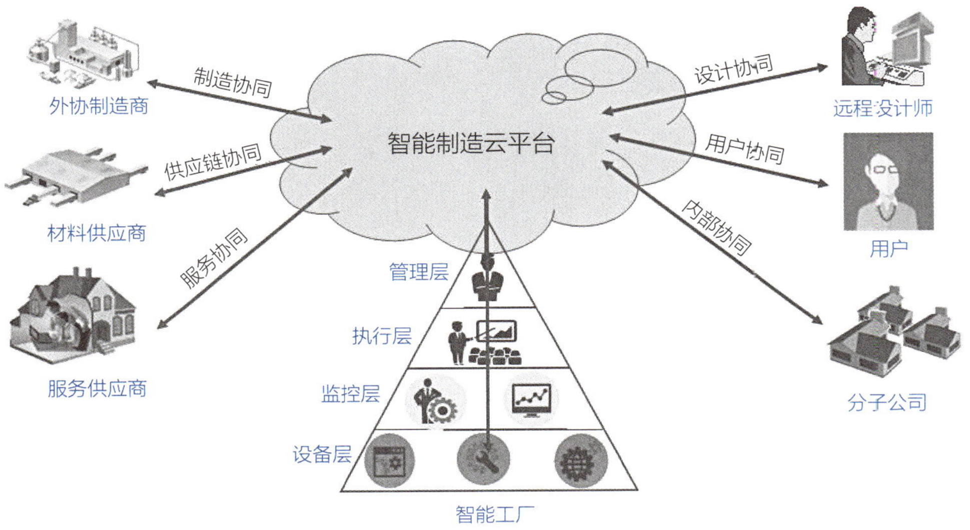

附录图1　云制造模式

用户通过云平台提出请求。云制造平台进行分析、分解，自动匹配云服务，通过调度、优化、组合等操作，向用户返回解决方案。用户能够像使用水一样使用制造资源和制造能力。

3．云制造与其他先进制造的比较

虚拟企业强调构建联盟组织，当市场出现新机遇时，具有不同资源的企业为了共同开拓市场，它们会基于信息网络组成共享技术、分担费用、联合开发的联盟体，但企业进入联盟的约束条件较多，且大部分为临时任务导向，因此缺少稳定性；企业协作网络侧重形成较稳定的企业网络合作组织，但该网络的动态性不足，内部成员数量有限，且出入机制不灵活。云制造平台包含上述两种模式的优势共性，其内部企业的数量可以根据业务需求量进行动态增减，更在制造资源品种、制造能力和知识储备等方面优于前两者。

网格制造突出使用网格技术实现资源共享，以及对企业的物流、信息流实现优化，但该模式只限于某些特定领域内；ASP 主要表现为企业将应用软件等外包给服务商，服务商负责应用程序的升级与维护，但并未实现底层设备交互。云制造以云计算技术为基础，较网格技术更具伸缩性和灵活性，除了基本软件服务外还提供了物联网功能。

工业产品服务系统（IPSS）主要立足生产系统强调用户参与，它关心用户定制化服务体验；众包生产模式强调融合社会资源，将任务发送给广阔的未知群落或社区来突破各种技术与设计的壁垒。云制造也是面向服务的制造，但在功能上为二者的扩展，在提供社会化服务的同时也提供了专业定制化服务及资源按需取用服务等。

二、工业互联网

1. 背景

金融危机之后，为了解决“产业空心化”问题（“产业空心化”主要是指“以制造业为中心的第二产业”在国民经济中占比偏低。一般认为，当第三产业占比超过60%的时候，就存在产业空心化的可能。当一个城市第二产业占比低于40%的时候，就要引起关注。如果低于35%，则基本上可以认为出现了“产业空心化”），2009年奥巴马政府制定了“再工业化”战略，2012年，美国GE公司提出了工业互联网的概念，并于2013年推出世界首个工业互联网平台Predix。同年，德国采纳“工业4.0”战略，2016年，德国SIEMENS公司发布了MindSphere平台。与此同时，其他发达国家也纷纷在工业互联网领域进行布局，如2015年法国的“未来工业”计划以及2017年日本的“互联工业”战略等。

中国自2015年以来相继出台多项政策，有效推动了工业互联网发展并取得了巨大的成就。2021年《中国工业互联网产业经济发展白皮书》数据表明，2020年中国工业互联网规模位列世界第二。可见，工业互联网已然成为各工业强国必争的“战略制高点”。

2. 含义

根据《工业互联网平台白皮书（2017）》，工业互联网实质上是工业云的再发展，是基于云计算数字化底座，融合物联网、大数据、人工智能等新兴技术的制造模式，而“互联”则具有自组织性与平等性，既解决了资源间共享、互动问题，又改变了过去“以人为中心”的生产模式。具体而言，工业互联网可通过实时、精准的数据采集、监控与分析，建立集成开发环境，依托工业知识经验的模型化和软件化，以数据为主线将各类系统深度融合，从而优化研发、设计、生产、营销等各环节，帮助企业降本增效，因此工业互联网可视为信息技术体系与工业元素体系结合、信息网络与生产网络结合的产物。

3. 发展模式

2017年，国务院颁布了《关于深化“互联网+先进制造业”发展工业互联网的指导意见》，其中明确指出“完善工业互联网生态体系”。因为工业互联网涉及领域众多，任何一家企业都无法单独承担，也无法实现产业链的全覆盖，故企业必须通过完善的生态合作体系才能达成既定目标，而生态合作模式将从过去"一核多星"的"大树型"向"价值共享"的"沃土型"转变。

4．架构

2017年，美国IIC提出的参考架构V1.8中，将工业物联网（互联网）的实施视图解释为边缘、平台、企业三层架构；2019年，中国AII发布《工业互联网体系架构2.0》，其功能体系分为平台、网络、安全三大部分；2021年，工信部、国家标准委发布了《工业互联网综合标准化体系建设指南》，提出标准体系框架包括基础共性、网络、边缘计算、平台、安全、应用六大类。虽然相关文献中工业互联网的架构描述存在差异，但平台是工业互联网的核心，《工业互联网体系架构2.0》进一步将平台分为边缘、PaaS和应用三层，也有文献将平台分为IaaS、PaaS和SaaS或边缘、IaaS、PaaS、SaaS层。进一步，可将PaaS 层区别为通用PaaS和工业PaaS两类，通用PaaS主要提供资源调度、应用开发框架、人工智能和大数据框架、中间件等，工业PaaS包括工业数据建模、工业数据管理、工业知识服务、工业数字工具等。工业互联网平台功能架构如附录图2所示。

附录图 2　工业互联网平台功能架构

（1）边缘层。边缘层对工业数据进行采集，并对不同来源的工业数据进行协议解析和边缘处理，把采集数据进行格式转换和统一，再通过光纤、以太网等链路，将相关数据以有线或无线方式远程传输到工业互联网平台。边缘计算技术是边缘层的重要组成部分。它基于高性能计算芯片、实时高速处理方法、高精度计算系统等先进技术或工具支撑，在工业设备、智能终端等数据源头一侧，进行数据的先处理和预处理，提升系统反应速度和数据传输速度，解决数据传输和通信的时延问题。

（2）IaaS层。基础设施层（IaaS）主要提供云基础设施，如计算资源、网络资源、存储资源等，支撑工业互联网平台的整体运行，其核心是虚拟化技术，利用分布式存储、并发式计算、高负载调度等新技术，实现资源服务设施的动态管理，提升资源服务有效利用率，也确保资源服务的安全。IaaS层作为设备和平台应用的连接层，为PaaS层的功能运行和SaaS层的应用服务提供完整的底层基础设施服务。

（3）PaaS层。平台层（PaaS）是整个工业互联网平台的核心，它由云计算技术构建，不仅能接收存储数据，还能提供强大的计算环境，对工业数据进行云处理或云控制。它的根本是在IaaS平台上构建了一个扩展性强的支持系统，也为工业应用或软件的开发提供了良好的基础平台。PaaS层能以平台优势，利用数据库、算法分析等技术，实现数据进一步处理与计算、数据存储、应用或微服务开发等功能，以叠加、扩展的方式提供工业应用开发、部署的基础环境，形成完整度高、定制性好、移植复用程度高的工业操作系统。PaaS层还能根据业务进行资源调度，也能保障数据接入、平台运营、接口访问的安全机制，保障业务正常开展。

（4）SaaS层。应用层（SaaS）是工业互联网平台的关键，它是对外服务的关口，与用户直接对接，体现了工业数据最终的应用价值。SaaS层基于PaaS层平台上丰富的工业微服务功能模块，以高效、便捷、多端适配等方式实现传统信息系统的云改造。为平台用户提供各类工业App等数字化解决方案，发展大数据分析等综合应用，实现资源集中化、服务精准化、知识复用化。

附录二

smardaten无代码大数据中台

对学习者的意义

无代码大数据中台技术是近年来前沿的数字技术之一。与传统的大数据平台技术不同，无代码大数据中台技术不需要任何代码即可快速实现企业数据中台的搭建，且密切联系前台和后台。任何企业可以根据自身的实际工作场景需求，自行开发，自行调节和维护，突破了非IT类、非软件类企业搭建数据中台的屏障，有力地支撑了传统企业数字化转型。

smardaten是南京数睿数据科技有限公司自主研发的数据驱动的企业级无代码软件平台，基于一站式大数据能力帮助客户通过数据驱动的无码化软件装配模式，构建数用一体化的应用系统。

经过十多个行业与300多个项目的验证，smardaten无论在功能还是在可靠性方面均能够支撑客户无码化配置，其功能大致分为应用开发、数据中台技术两部分。附录二将重点介绍smardaten的数据中台技术。

一、数据中台与BI的区别

商业智能（BI）的定义是通过应用基于事实的支持系统以辅助商业决策。很多企业实施BI项目，都是通过向BI领域的供应商实施定制，在既定的企业项目框架下，由供应商负责从需求调研到数据建模、采集、处理、分析界面开发等全过程。然而，这导致企业作为接收方的参与程度不足，业务需求不明确，技术导向色彩太浓，业务与技术之间脱节，此外，大数据技术和技能也没有从供应商那里获得。最终，BI 沦为企业报表系统而非企业数据驱动系统。

数据中台指企业数字化转型过程中，对各业务单元业务与数据的沉淀。简单而言，数据中台即“业务+数据”的构建，内容涉及数据技术的应用，以及数据的运营、治理、建设、管理和使用体系。它是新型信息化应用框架体系中的核心，目的是实现数据赋能。数据中台必须具备数据汇聚整合、数据提纯加工、数据服务可视化、数据价值变现4个核心能力。

事实上，BI 属于数据前台的范畴，提供数据分析和可视化能力，是数据中台的用户对象之一。而数据中台是统一的数据管理架构，是技术和组织的解决方案，可以支持商业智能（BI）分析，也可以实现数据积累、数据清洗、数据集成、数据建模、数据可视化等。

如果企业用户自行搭建数据中台，毫无疑问将紧密对接自身的业务需求。但是传统的大数据技术中存在诸多IT专业和技术屏障，这使得企业难以实现中台的搭建。在这种背景下，无代码数据中台技术呼之欲出。

二、smardaten平台简介

smardaten无代码平台是南京数睿数据科技有限公司开发的一款无代码数据中台搭建工具和高效的应用软件开发工具。它面向开发、业务、交付团队提供高效的应用构建能力，帮助用户构建出复杂且多样化的数字化应用。同时smardaten的数据驱动表现在平台底层自带一站式全域数据资源管理与智能化分析可视化能力，无须再另行开发数据平台即可实现数据与业务的统一。smardaten兼具无代码构建、低代码开放集成、AI+BI、数据中台等多元化能力，能够打造多行业、复杂的数字化应用。

smardaten无代码平台的核心功能包括无代码应用开发和无代码数据中台，即通过无代码应用开发，实现数据的收集，再通过无代码数据中台的搭建，完成数据驱动。

目前，我国无代码应用开发平台较多（如前述的简道云），然而无代码数据中台类平台却较少见，仅少部分企业提供该项技术。smardaten无疑是无代码数据中台技术的前驱者和领跑者。掌握smardaten无代码数据中台技术，企业无须外购定制数据中台，本企业员工即能快速搭建，这将为企业节省大量成本。

限于篇幅，本部分的主体内容是以在线视频的方式介绍smardaten数据中台搭建的相关操作，通过视频的学习，即能快速上手。内容将涉及数据源、数据图书馆、数据过滤清晰、数据资产整理、数据分析仪、数据大屏样式与交互、复杂报表、大数据人工智能以及数据文档。

三、smardate无代码数据中台搭建相关技术

1．数据过滤

本部分将借助smardaten平台数据交换机对原始数据进行过滤，与微软传统的PowerQuery工具不同，smardaten平台是运用数据算子完成数据清洗，即拖动数据算子描绘数据清洗流程，再将清洗后的数据资产集中于数据图书馆中实施管理。

知识链接
请扫码查看学习资料

2. 字段选择

本部分将重点介绍典型数据算子的功能和操作，进一步实现对数据资产中字段的操作。

知识链接
请扫码查看学习资料

3. 多源异构数据清洗

多源异构数据是指不同来源、不同结构的数据。如何对多源异构数据进行数据清洗处理一直是工作中的难点问题。运用smardaten数据交换机和数据算子可以方便地解决该问题。本部分将针对My SQL数据库和Excel两种数据资产，将其进行整合，并按需求实现数据清洗（附录图3）。

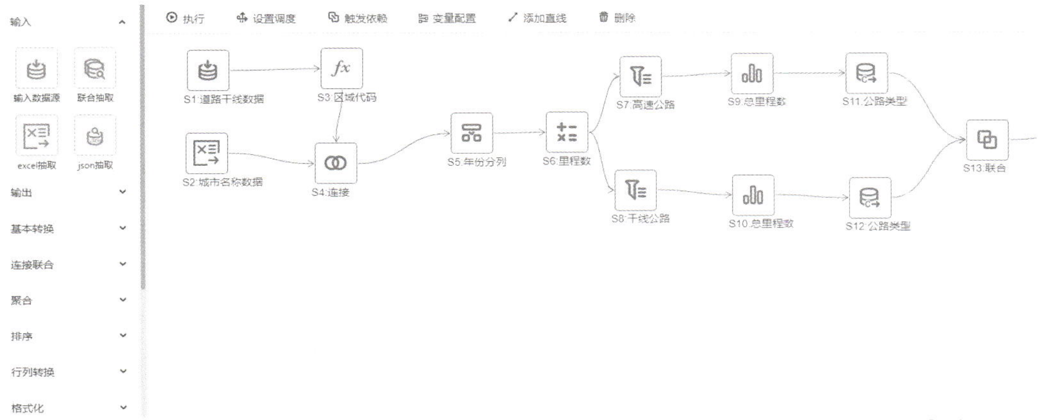

附录图 3 运用数据交换机中的算子进行数据清洗

知识链接
请扫码查看学习资料

4．人力资源工时薪酬——数据清洗

将两份数据资产，即加班工时表、标准工时表与固定工时表上传至平台，调用数据交换机，对两张表进行相关操作，合成为一份数据资产，然后保存至数据图书馆之中。

知识链接
请扫码查看学习资料

5．人力资源工时薪酬——数据分析仪制作

在导入数据资产后，可以运用smardaten平台中的数据分析仪模块，对相应的数据资产进行分析处理。该模块提供了丰富的计算组件和可视化组件，能够快速实现数据的分析。

知识链接
请扫码查看学习资料

6．人力资源工时薪酬——数据大屏基础模块制作

数据分析仪可以按需实现数据分析，以可视化效果展示。然而对于企业而言，仅仅通过数据分析仪（或者数据仪表盘等）观察数据规律是不完备的。为了集成多个数据分析仪，形成动态数据主导下的可视化管理支撑，需要进一步引入数据大屏。本部分将介绍数据大屏的基本搭建和样式。

知识链接
请扫码查看学习资料

7. 人力资源工时薪酬——数据大屏高级模块制作

数据大屏中，有时需要嵌入其他的高级功能。比如希望实现查找过滤功能，或者切换功能等。本部分将介绍典型的几种高级拓展功能。

知识链接
请扫码查看学习资料

8. 复杂报表

对于复杂报表，运用传统工具往往难以处理，本部分将介绍运用smardaten平台完成复杂报表的设计。相比传统工具，运用smardaten平台能够更快、更便捷地完成任务。

知识链接
请扫码查看学习资料

9. 人工智能数据分析

smardaten平台在数据分析中提供了人工智能技术的嵌入选择，非常方便地解决了描述性分析、溯源性分析、预测性分析和决策性分析。本部分将介绍如何将大数据技术与人工智能技术进行结合，更高效地完成数据分析（附录图4）。

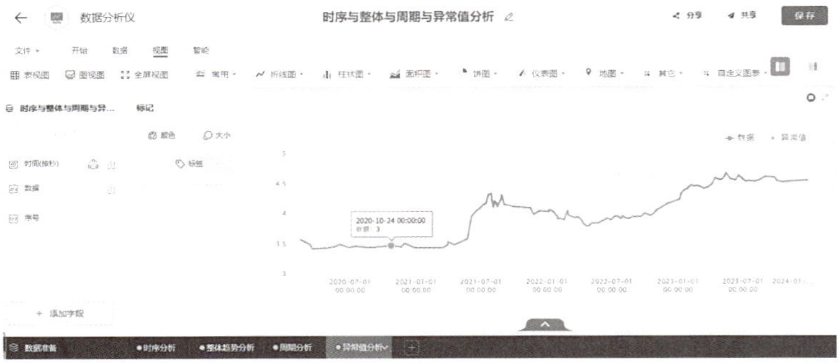

知识链接
请扫码查看学习资料

附录图 4　人工智能分析界面

10．数据文档

传统文档是静态的，这意味着当文档中的数据产生变化时，必须重新制作文档，毫无疑问，这加大了工作量，浪费了时间。本部分将介绍数据文档，数据文档直接引用数据分析仪中的图表来做数据报告，其中的分析仪统计图可以根据后台数据的变化而产生变化，是一种动态的文档，从而提高了工作的效率（附录图5）。

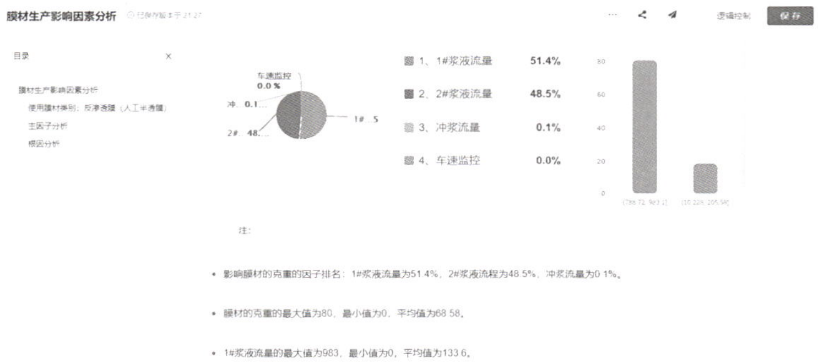

知识链接
请扫码查看学习资料

附录图 5　数据文档界面